鸠兹气象撷英拾萃

——芜湖"世界百年气象站"研究成果集

主　编：芜湖市气象局

编　著：孙大兵　司红君　等

U0333400

气象出版社

China Meteorological Press

内容简介

本书由芜湖市气象局主编,收录了近年来芜湖气象工作者们依托"世界百年气象站"开展的研究成果。全书共分为上编、中编、下编三大部分,其中,上编收录科技论文 5 篇,主要研究内容为气象数据整理和应用;中编收录论文 9 篇,研究内容为气象珍贵档案内涵挖掘、气象科技史等;下编收录芜湖百年气象站相关新闻报道 4 篇,并附有全国首部气象文物类团体标准《气象文物价值分类指南》以及1880—2022 年芜湖地区年降水量及年平均气温数据。本书期望能为推动百年气象站内涵发展、探索气象科技史、保护气象历史遗产、传承气象文化而助力,同时为气象工作者们深入开展长时间序列气象资料的挖掘和研究工作提供一定的参考。

图书在版编目(CIP)数据

鸠兹气象撷英拾萃 :芜湖"世界百年气象站"研究
成果集 / 芜湖市气象局主编 ; 孙大兵等编著. -- 北京 :
气象出版社,2023.7
ISBN 978-7-5029-7999-7

Ⅰ. ①鸠… Ⅱ. ①芜… ②孙… Ⅲ. ①气象站-芜湖
-文集 Ⅳ. ①P411-53

中国国家版本馆CIP数据核字(2023)第119488号

鸠 兹 气 象 撷 英 拾 萃——芜湖"世界百年气象站"研究成果集
Jiuzi Qixiang Xieying-shicui——Wuhu "Shijie Bainian Qixiangzhan" Yanjiu Chengguoji

出版发行:气象出版社

地　　址:北京市海淀区中关村南大街46号		邮政编码:100081
电　　话:010-68407112(总编室) 010-68408042(发行部)		
网　　址:http://www.qxcbs.com		E-m a i l:qxcbs@cma.gov.cn
责任编辑:宿晓凤		终　审:张　斌
责任校对:张硕杰		责任技编:赵相宁
封面设计:数字城堡		
印　　刷:北京中石油彩色印刷有限责任公司		
开　　本:787mm×1092mm 1/16		印　张:14.5
字　　数:260千字		
版　　次:2023年7月第1版		印　次:2023年7月第1次印刷
定　　价:68.00元		

序

　　2018 年，芜湖国家气象观测站被中国气象局正式认定为"中国百年气象站"。2020 年，芜湖国家气象观测站被世界气象组织（WMO）认定为"世界百年气象站"。2022 年，在安徽省气象局和芜湖市政府的共同支持下，安徽气象博物馆在芜湖市建成，并于 2023 年 3 月 23 日"世界气象日"之际正式开馆。百年观云测雨人的努力几经时代的激荡，渐次沉淀为安徽省气象发展史上一笔宝贵的文化财富，也为新时代气象高质量发展增添了不少底气和信心。这些底气和信心，为我们源源不断地提供向上而生的力量，陪伴着我们一路前行。

　　芜湖市气象局组建的"长时间序列气象史料分析应用团队"，围绕气象历史数据的分析、芜湖百年气象发展历程的回溯，开展了许多有益的挖掘研究与分析总结。今天汇集形成的这本《鸠兹气象撷英拾萃——芜湖"世界百年气象站"研究成果集》，记录了他们迈出探索步伐第一阶段取得的收获，向他们表示祝贺。

　　文集从 3 个方面勾勒出了芜湖"世界百年气象站"的立体形象："气象数据整理与应用"注重芜湖长序列历史气象资料的重建与分析；"气象科技史研究"重现了近百年气象发展史中诸多精彩的瞬间；"新闻报道选编"则以媒体的视角解读了芜湖百年气象站和安徽气象博物馆建设过程中的艰辛与喜悦。这些对于探究芜湖百年气象历史、展示气象科技魅力颇具参考价值。

习近平总书记指出，气象工作关系生命安全、生产发展、生活富裕、生态良好，要求气象工作者加快科技创新，做到监测精密、预报精准、服务精细，发挥气象防灾减灾第一道防线作用。当前，安徽气象人正全力推进《气象高质量发展纲要（2022—2035年）》的贯彻落实，加快推进气象高质量发展。安徽气象事业的发展历程，就是一个不断适应经济社会发展对气象服务的需求、不断满足人民群众对美好生活的需要、不断追求更高水平更高质量发展目标的过程。希望我们能够从这本文集记录的历史中获得更多的启发，也希望这本文集能够让更多的气象同仁和社会公众关注安徽气象文化建设，关注安徽气象博物馆的进步，关注安徽气象事业的发展。

是为序。

安徽省气象局党组书记、局长 胡雯

2023 年 6 月

前言

　　1880 年，芜湖海关气象测候所建立，同年 3 月利用近代气象科学仪器正式开展气象观测。因观测时间早、连续观测时间长、气象数据保存完整，芜湖国家气象观测站于 2018 年入选全国第一批"中国百年气象站"名录。2020 年 9 月 30 日，芜湖国家气象观测站被世界气象组织认定为"世界百年气象站"。这是安徽省首家通过世界气象组织认证的百年气象站。

　　百年气象站不仅是科学遗产，同时还具有普及气象科学、传播历史文化等实用价值。围绕"世界百年气象站"这一品牌，"安徽气象博物馆"有幸落户芜湖市气象局，为展示安徽气象历史文化、保护气象珍贵档案提供了良好的平台。2021 年 4 月，芜湖市气象局成立了"长时间序列气象史料分析应用团队"。团队依托百年气象站和安徽气象博物馆，展开了气象观测数据整理和应用、气象珍贵档案内涵挖掘、气象科技史等研究工作，用以探讨气象科学发展、总结历史经验、保护历史遗产、普及科学知识、传承气象文化，为气象现代化建设提供参考借鉴。

　　芜湖市气象局的科技工作者们，在紧张纷繁的日常工作之余，笔耕不辍，将自己的研究与思考转换成文字，当中有许多已经在专业学术刊物、报纸及官方网站上公开发表。这些文字、数据、图表是他们智慧的结晶，也是芜湖气象工作者们不忘初心、秉承科学精神的体现，更是这座百年气象站新添的一笔宝贵财富。

为了传播安徽气象文化、加强优秀论文成果的交流与推广，让这笔财富发挥更大的价值；同时也为了营造更加浓厚的科研氛围，鼓励更多的专业技术人员积极、深入地投入气象科技史、气象珍贵档案、长时间序列气象资料的挖掘和研究工作，我们编印了《鸠兹气象撷英拾萃——芜湖"世界百年气象站"研究成果集》。本文集分为"气象数据整理与应用""气象科技史研究""新闻报道选编"3个版块，共收录科技论文、新闻报道等优秀文章18篇，希望能借此促进技术人员专业水平的提升，并进一步挖掘与传承百年气象站的文化内涵。

感谢芜湖气象科技工作者们的辛勤付出。时间仓促，收录有限，是为憾！

编者
2023年6月

目 录

上编

气象数据整理与应用

1880 年中江塔附近设有最早的海关气象观测站

1931 年与 2020 年安徽省长江流域异常降水的对比分析

孙大兵　刘　蕾　张　丽　李　鸾

（芜湖市气象局，芜湖 241000）

摘要： 利用世界百年气象站——芜湖站以及安徽省气象档案馆提供的 1931 年降水量数据及 2020 年逐日降水数据，对 1931 年与 2020 年安徽省长江流域异常降水进行了对比分析。研究表明，1931 年与 2020 年汛期强降水时段和降水强度差异显著。1931 年 7 月异常降水最为显著，2020 年异常降水主要集中在 6—7 月。2020 年汛期强降水比 1931 年总雨量更大、维持时间更长、降水时段更加集中。1931 年 7 月与 2020 年 7 月安徽长江流域全区域降水变化一致，上下游降水的峰值相重叠，导致长江水位节节升高。1931 年 7 月与 2020 年 6 月鄂霍次克海地区的地面上均维持强盛的冷高压，为下游输送冷空气，安徽—日本中部地区存在低压槽，有利于冷暖空气长期交汇在安徽长江流域。2020 年 7 月冷空气主要来源于河套地区和东北地区，副热带高压偏南偏强，在安徽长江流域继续维持稳定少动的梅雨锋。2020 年虽然洪涝灾害更严重，但人员伤亡却大大减少，抗洪抢险的胜利充分彰显了社会主义制度的优越性。

关键词： 异常降水，长江流域，副热带高压，世界百年气象站

 引言

　　长江中下游地区历来是经济发展的核心区域，也是洪水灾害最严重的地区之一，曾多次出现全流域或区域性洪水。洪水的发生与汛期异常降水关系密切[1-2]，区域内持续性

本文已发表于《气象科技进展》2022 年第 5 期。

资助项目：国家自然科学基金（42105147）；中国气象局创新发展专项（CXFZ2021Z0070）；安徽省气象局研究型业务科技攻关项目（YJG202003）；安徽省气象局创新团队建设计划。

强降水使得洪峰叠加，引发严重的洪涝灾害[3-4]，如1954年4月就进入雨季，降水一直持续到7月底[5]，暴雨、大暴雨的频繁发生使得长江水位节节升高，各地相继出现最高洪水纪录。1931年异常丰梅，雨带位置稳定，强降水落区长时间在同一个地方重复，导致长江中下游洪水形势异常严峻[6-7]。1991年江淮地区雨季从5月中旬开始，雨季的提前使得汛期降水量比同期偏多1~3倍，造成了江淮地区的洪水发生[5]。1998年夏季长江上游大部分地区降水较1954年大，洞庭湖和鄱阳湖这两个调控洪水的湖泊降水量也比1954年大[8]，主汛期全流域暴雨频发，河湖调蓄能力下降，削峰作用降低，水位居高不下[9]，进一步加重了洪涝灾害。进入21世纪以来，大气不稳定性增加，异常强降水发生更加频繁，例如2016年汛期长江流域洪涝强度和范围均弱于1998年，但区域极端性更强[10]。2020年长江流域梅雨期持续两个月，特别是安徽、湖北、重庆等地6—7月降水量位列1951年以来同期最多[11]。

许多学者对1954年、1991年、1998年、2016年等年份的洪涝进行了大量的对比研究。鞠笑生[5]指出，1954年洪涝范围和持续时间均超过1991年，江苏和安徽为重灾区。任宏昌等[12]指出，北大西洋海温的异常是导致1998年、2016年中高纬度环流异常的主要原因，北大西洋海温异常可通过改变中高纬度环流进而对夏季降水产生影响。洪涝的形成与夏季极端降水频繁发生密切相关[13-15]，因此对极端降水集中期的气象成因研究显得十分重要。袁媛等[16]对1998年"二度梅"和2016年长江中下游的强降水集中期进行对比分析发现，这两个年份5—7月副热带地区环流类似，但8月却存在明显不同，1998年偏弱的夏季风导致长江流域8月降水异常偏多；不同的是，1931年[6]和2020年[17]长江流域强降水主要出现在6—7月，并未出现"二度梅"。张小玲等[18]对20世纪3次长江流域特大洪水的研究发现，7月下旬长江中下游地区出现持续性大面积强降水过程对全流域洪水的形成起着非常重要的作用，如1931年7月底的持续性暴雨使得长江水位快速增高。可以看出，洪涝年的对比分析可以更好地揭示不同洪涝年降水集中期、降水强度、气象成因的差异，对未来长江流域雨情、水情的预测及洪灾防御有深刻的启发作用。

1931年的异常丰梅造成了长江全流域特大洪涝灾害，当时战争频发，政府救灾能力不足，死亡人数巨大。2020年虽然长江中下游地区也出现了严重的洪灾，但造成伤亡人数和受灾人口却大大减少[19]。对有气象记录以来最早的1931年洪涝和最近的2020年洪涝进行对比分析，可以更好地展示近一百年来洪涝的特征差异和救灾差异，故本文重点对这两个洪涝年份的降水特征、天气学成因、救灾差异进行深入探讨。1931 年和 2020 年安徽省长江流域沿岸均出现了区域性强降水，由于 1931 年观测站特别少，仅有世界百年气象站——芜湖站有完整的 1931 年逐日降水数据，以 1931 年花凉亭（太湖）、安庆等 11 个安徽省观测站的逐月降水数据辅之，分析这两个洪涝年份以芜湖站降水变化为代表的安徽省长江流域异常降水的区域特征及其成因的差异。

1 资料和方法

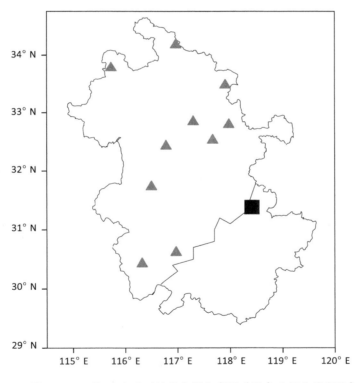

图 1　1931 年 11 个观测站的空间分布图（黑色方框为芜湖站）

　　1931 年芜湖站逐日降水资料来源于手抄的"芜湖海关气象月报表"，2020 年芜湖气温、降水数据来源于国家气象观测站地面气象记录月报表。2020 年安徽省有 81 个国家地面气象观测站，站网密集，对降水、气温等要素进行逐分钟观测；但 1931 年安徽省有降水观测数据的观测站少之又少，查询安徽省气象档案馆发现，只有 11 个观测站有逐月降水数据，站点分为：芜湖、花凉亭（太湖）、定远、正阳关（寿县）、六安、安庆、肖县（萧县）、泗县、蚌埠、亳县（亳州）、嘉山（明光）(图 1 中灰色三角形和黑色方框所示）。因为 1931 年 6 月月降水资料严重缺测，但 7 月均有月降水数据，且 1931 年强降水主要集中在 7 月，因此对 1931 年、2020 年 7 月安徽省月降水量进行对比。由于 1931 年大气环流资料缺失，故海平面气压场取自张小玲等的研究[18]，气温距平场图源于章淹的研究[6]。另外，采用 NECP/NCAR 的逐日再分析资料分析 2020 年环流形势。为了研究 1931 年和 2020 年异常降水的差异，采用累积日降水量、月降水量的累积距平等统计方法对芜湖、花凉亭（太湖）汛期降水量变化进行综合分析。

 1931 年和 2020 年芜湖站降水量特征

2.1 1931 年和 2020 年月降水量特征

对 1931 年长江中下游的芜湖站逐月降水量进行分析发现（图 2a），4—5 月芜湖站降水量逐渐增多，1931 年 6 月降水量历史均值偏少 26.8%，但 7 月降水量异常偏多 1.09 倍，远超历史同期降水量，8 月之后降水偏少，1931 年芜湖最高水位高达 11.87 m。2020 年降水逐月变化明显不同（图 2b），2—5 月芜湖站降水呈现偏少的特征，但进入梅雨期之后，6—7 月降水异常偏多 1 倍以上，超长的梅雨期导致芜湖最高水位高达 12.64 m。

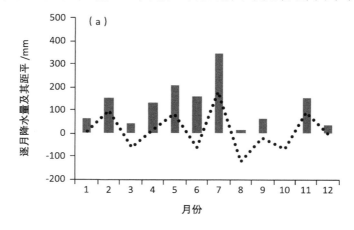

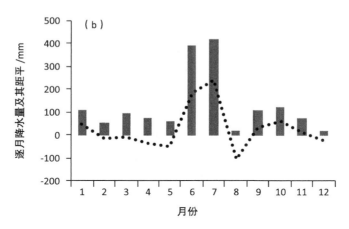

图 2   1931 年（a）和 2020 年（b）芜湖站逐月降水量（柱状）及其距平（曲线）分布图

2.2   1931 年和 2020 年 6—7 月逐日降水量变化特征

从 1931 年 6—7 月芜湖市逐日降水量变化可以看出（图 3a），6 月降水量较历史均值偏少，降水分布不集中，较强降水主要出现在梅雨期的 6 月 20 日之后；最强的降水时段为 7 月 5—15 日、7 月 20—30 日，两个时段的累积降水量远超历史同期，是造成 1931 年洪水的主要降水过程。2020 年降水时段完全不同（图 3b），6 月 10 日起，芜湖站降水明显增多且降水集中，最强降水时段为 6 月 10 日—7 月 1 日，7 月 13—28 日。与 1931 年降水相比，2020 年强降水维持时间更长，降水时段更集中，雨强更强，最大雨强可达 102.3 mm/d（6 月 21 日），与之对应的长江芜湖段水位高于 1931 年。

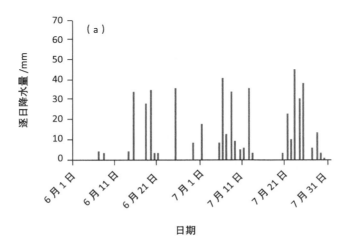

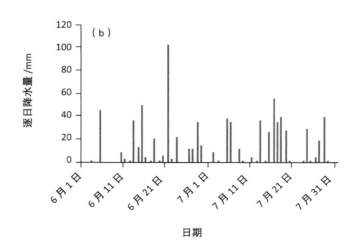

图3 1931年（a）和2020年（b）6—7月芜湖站逐日降水量分布图

2.3 1931年和2020年5—7月逐日累积降水量变化特征

洪水和长期的降水积累密切相关。水文学研究表明，大洪水的发生与前期土壤湿度及江河底水密切相关，当前期降水偏多时，土壤湿度接近饱和，江河湖泊有较高的水位，雨水不能被土壤吸收，只能通过地表径流流入江河水库[20]。因此，汛期累积降水量可以反映江河水库的储水能力。由于1931年、2020年8月降水量均偏少，对防汛影响较小，故主要分析1931年和2020年5—7月累积降水量的差异。

从图4可以看出，1931年和2020年累积降水量的变化明显不同，1931年5月芜湖站降水量偏多，故累积降水量超过了气候均值（均值采用1981—2010年平均值，以下同），但6月中旬前降水的异常偏少，使得6月芜湖站累积降水量降至历史均值，但从1931年7月1日开始，芜湖站累积降水量快速增多，在7月上旬超过气候平均值，7月5—15日和7月20—30日两时段降水集中期使得累积降水量比往年偏多，特别是1931年7月下旬以来，累积降水量骤增，长江水位迅速增长，洪涝灾害十分严重。2020年由于强降水主要集中在6—7月，从图4可以看出，5月芜湖站累积降水量低于历史均值，此时江河水库储水能力强，但6月11日进入梅雨期之后，芜湖站累积降水量逐渐增加，6月21日和7月15日累积降水量猛增，大大削弱了江河水库的储水能力，到7月30日时，芜湖站累积降水量超过历史同期降水量200 mm以上。

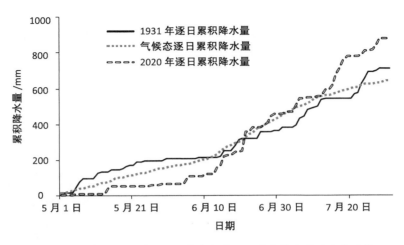

图 4 1931 年、2020 年 5—7 月芜湖站逐日累积降水量的变化曲线

2.4 1931 年和 2020 年 7 月安徽省降水量空间分布特征

洪水的形成不仅与局地降水的积累密切相关，还与上游地区降水量关系密切，当上游降水量与芜湖一致偏多时，各地大量降水均汇集至长江流域，产生洪峰，若此时地处下游的安徽省长江流域降水仍偏多，雨水只能作为地表径流汇集到长江，必将导致该地区洪水的发生。1931 年安徽省测站非常少，仅在江淮地区、沿江流域有个别测站，图 5a 显示，1931 年 7 月降水量最大的区域位于大别山区和安庆地区，最大月降水量为 581 mm（安庆站），异常偏多 1.81 倍；芜湖站 7 月降水量 348.5 mm，虽然异常偏多 1.09 倍，但小于安庆站 7 月降水量，因此 1931 年芜湖地区的洪水受上游高强度的降水影响非常大。

2020 年 7 月强降水主要位于合肥以南地区（图 5b），皖南降水量普遍达到 500 mm以上，安庆站降水量达 676.6 mm，芜湖站降水量 422.3 mm，两站均超过了 1931 年 7 月的降水，2020 年安徽省长江流域的降水强度和降水量远超 1931 年。由于 6 月降水偏多，7 月又是全区域一致的高强度降水，大量的降水涌入长江，芜湖段长江水位在 7 月高达12.64 m，严重威胁着沿岸人民的安全。但由于 1931 年 7 月安徽长江流域仅有 3 个测站有月降水量数据，站点非常稀少，沿江的池州铜陵一带 7 月降水未知，故图 5a 并不能完整地反映出当时的降水空间分布特征，从而对 1931 年和 2020 年 7 月安徽省降水量空间分布的差异分析带来一定不确定性。

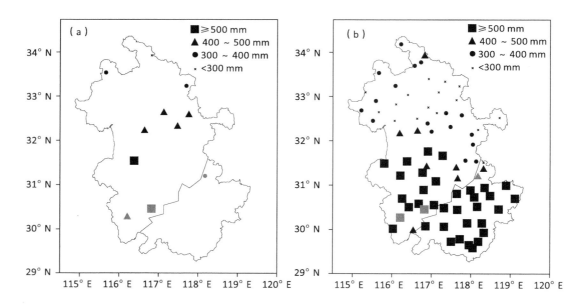

图 5 1931 年（a）和 2020 年（b）安徽省 7 月降水量（图中省界内曲线为长江，浅灰色图形自右至左
分别代表芜湖、安庆、花凉亭（太湖））

由前可知，1931 年芜湖站异常偏多的降水是从 5 月开始的，在空间分布上，其上游地区是否也是这个特征？有必要进行深入探讨。1931 年除了芜湖和花凉亭（太湖）站有完整的月降水数据外，其他测站在 1—5 月均缺测，无法对其进行对比分析。花凉亭（太湖）位于长江中下游地区，是芜湖的上游地区，通过对比花凉亭（太湖）和芜湖 5—9 月的降水量（图 6），可以更好地分析长江中下游降水的分布特征。此处利用累积距平来分析其变化特征。累积距平的计算方法是：首先计算逐月降水量距平（历史均值采用 1981—2010 年平均），再将距平按月累加，得到累积距平序列。从 1931 年芜湖和花凉亭（太湖）5—9 月降水量及累积距平变化可以看出，花凉亭（太湖）与芜湖的月降水变化基本一致，这说明长江中下游的汛期降水存在空间一致性。月降水量累积距平的变化也进一步表明，从 7 月开始，芜湖和花凉亭（太湖）降水从偏少向偏多转换，但与芜湖月降水量变化相比，花凉亭（太湖）7 月降水更多（高达 348.8 mm），累积降水增加速率更快。因此，不仅仅是芜湖地区，上游的安庆地区降水量也主要集中在 5 月和 7 月，全区一致的高强度降水必然使得安徽省长江流域全线水位快速增高。

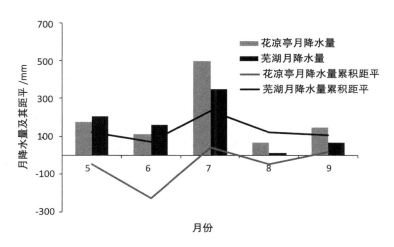

图 6　1931 年 5—9 月芜湖和花凉亭（太湖）月降水量（柱状）和降水累积距平（曲线）的变化

③ 1931 年和 2020 年异常强降水的环流特征对比

3.1　1931 年梅雨及环流特征

1931 年江淮地区 6 月 13 日入梅，7 月 30 日出梅，梅雨期 47 d[6]，出梅迟，梅雨期长，降水强度大。芜湖 1931 年梅雨量 501.1 mm，异常偏多 75%。张小玲等[18] 研究指出，1931 年长江全流域大洪水与东亚中高纬度大气环流和季风活动异常关系密切。1931 年资料十分有限，全国不到 150 个地面观测站每天只有一张天气图。1931 年只有 7 月海平面气压和地面气温的天气图[6,18]，如图 7a 所示，40° N 以南大陆被热低压控制，辐合线位于 28° N 附近。从日本到长江下游有一条低压槽，这是低压活动路径，也是梅雨锋的位置，稳定的梅雨锋使得长江中下游地区产生持续不断的强降水[18]。

已有研究表明[6]，1931 年 5—7 月，鄂霍次克海上一直有一个很强的冷高压持续出现于低空大气中并接连不断地向日本海与中国海域北部输送冷气流。从图 7b 也可以看出，鄂霍次克海到日本海一带也存在气温的负距平。相应地，1931 年芜湖 6—7 月气温持续偏低（图略），除 6 月下旬气温略高外，7 月持续气温偏低，特别是 7 月下旬气温异常偏低 4.7 ℃，为芜湖有气象记录以来的 7 月下旬最低气温。这也间接表明，在异常的鄂霍次克海高压下，7 月下旬东北寒流来势非常强烈，气温骤降明显，配合长期稳定的暖湿气流,使得冷暖空气一直在长江中下游地区辐合,造成了全流域的灾害性洪水事件。

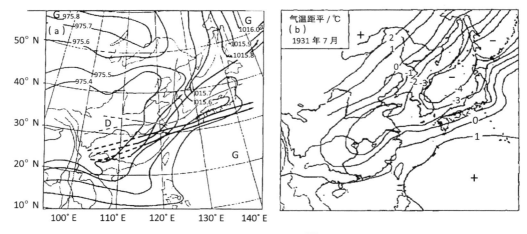

图 7　1931 年 7 月海平面气压图(a,单位:hPa)[18]和气温距平图(b,单位:℃)[6]

3.2　2020 年梅雨及环流特征

2020 年安徽省梅雨期时间为 6 月 2 日—7 月 31 日,梅雨期 59 d,远超历史梅雨期长度,特别是 8 月 1 日为安徽历史最迟出梅日。2020 年 6 月以来,西太平洋副热带高压较常年显著偏强偏西(图略),2020 年 6—7 月西太副高强度指数为 1961 年以来历史第二。南海的水汽输送偏强,冷空气活动频繁,梅雨锋位于长江中下游流域,是造成 2020 年安徽长江流域梅雨量异常偏多的重要原因。

为了对比分析,对 1931 年 7 月和 2020 年 6—7 月海平面气压和气温场进行研究(图略),2020 年 6 月 50° N 以南大陆被低压控制,安徽—日本中部地区存在一个低压槽,安徽省长江流域正好位于该区域;500 hPa 副热带高压比气候态副热带高压位置明显偏西,略偏南,有利于低纬度水汽的输送,导致降水显著。2020 年 7 月 50° N 以南大陆上的低压系统没有 6 月强盛,但低压槽仍稳定维持。另外,副热带高压比 6 月北抬 4~5 个纬距,110°~120° E 副热带高压脊线较常年位置偏南偏西,维持在 25° N 以南地区。综上所述,2020 年 6—7 月与 1931 年 6 月低压槽位置都位于安徽—日本中部地区一线上,但 2020 年 7 月大陆上低压系统范围没有 1931 年 7 月那么广。

分析气温距平场,2020 年 6 月鄂霍次克海附近气温异常偏低,表明鄂霍次克海的冷高压在 6 月非常强盛,华北—长江中下游地区气温略偏高,这种环流形势与 1931 年 7 月气温距平变化较为一致。但 2020 年 7 月鄂霍次克海地区气温已转为接近历史均值，日本海附近气温偏低明显，表明此时鄂霍次克海地区冷高压减弱，强冷空气活动减弱，弱冷空气主要从河套地区和东北两路南下至江淮地区。

❹ 结论与讨论

本文重点分析了 1931 年和 2020 年安徽省长江流域汛期异常降水的特征，并对其成因进行了初步探讨，结论如下：

（1）1931 年和 2020 年安徽长江流域全区域上下游地区呈现一致的降水变化，特别是在 7 月持续强降水峰值相重叠，长江水位快速增加，导致流域性特大洪水。

（2）1931 年和 2020 年降水时段和降水强度明显不同。1931 年无论是上游的安庆地区还是芜湖地区，5 月和 7 月降水量均明显偏多，特别是 7 月异常降水偏多 1 ~ 2 倍；主要降水过程集中在 7 月 5—15 日、7 月 20—30 日。2020 年芜湖站 1—5 月降水量明显偏少，主要降水集中在 6—7 月，特别是 7 月芜湖和安庆降水量异常偏多 1.3 ~ 2.2 倍；主要过程集中在 6 月 10 日—7 月 1 日，7 月 13—28 日。因此，2020 年强降水比 1931 年维持时间更长，降水时段更集中，雨强更强。

（3）1931 年 7 月与 2020 年 6 月的环流形势更为一致，鄂霍次克海地区地面存在强大的冷高压，大陆上存在低压系统，低压槽线位于安徽—日本中部地区。2020 年 7 月 500 hPa 副热带高压偏南偏西，高纬度的鄂霍次克海的高压强度大大减弱，弱冷空气主要从河套地区和东北两路南下至江淮地区。

（4）虽然 1931 年强降水弱于 2020 年，但 1931 年由于南京国民政府无力统筹全国人力物力，水利、救灾等工作得不到有效支撑和发展，千疮百孔的堤坝最终被洪水摧毁，造成巨大的人员伤亡，仅芜湖地区淹毙灾民就有四五千人，灾民达 20 余万人[21]。2020 年 6—7 月降水异常偏多，但在党中央的坚强领导下，强化监测预报预警能力，科学调度水利工程，加强工程监管督察等方式来抗洪救灾[22]，严密监控每一个超警河段、每一个工程险情，全力守护人民群众生命安全，确保堤坝安全无恙，最终抗洪抢险取得了巨大胜利。

参考文献

[1] 崔春光，彭涛，殷志远，等.暴雨洪涝预报研究的若干进展 [J].气象科技进展，2011，1（2）：32-37.

[2] 胡明思，骆承政.中国历史大洪水：下卷 [M].北京：中国书店：1992，1-725.

[3] 张世轩，封国林，赵俊虎.长江中下游地区暴雨"积成效应" [J].物理学报，2013，62（6）：504-514.

[4] CHEN Y，ZHAI P M. Mechanisms for concurrent low-latitude circulation anomalies responsible for persistent extreme precipitation in the Yangtze River Valley[J]. *Climate Dynamics*，2016，47（3/4）：989-1006.

[5] 鞠笑生.1954 年、1991 年长江流域洪涝对比 [J].灾害学，1993，8（2）：68-73.

[6] 章淹.1931 年江淮异常梅雨 [J].水科学进展，2007，18（1）：8-16.

[7] 邱霖.1931 年江苏水灾及其原因分析 [J].南京建筑工程学院学报（社会科学版），2000，1：50-54.

[8] 李吉顺，王昂生.1998 年长江流域洪涝灾害分析 [J].气候与环境研究，1998，3（4）：390-397.

[9] 黎安田.长江 1998 年洪水与防汛抗洪 [J].人民长江，1999，30（1）：1-7.

[10] 高荣，宋连春，钟海玲.2016 年汛期中国降水极端特征及与 1998 年对比 [J].气象，2018，44（5）：699-703.

[11] 张芳华，陈涛，张芳.2020 年 6—7 月长江中下游地区梅汛期强降水的极端性特征 [J].气象，2020，46（11）：1405-1414.

[12] 任宏昌，左金清，李维京.1998 年和 2016 年北大西洋海温异常对中国夏季降水影响的数值模拟研究 [J].气象学报，2017，75（6）：877-893.

[13] 韩翠，尹义星，黄伊涵，等.江淮梅雨区 1960—2014 年夏季极端降水变化特征及影响因素 [J].气候变化研究进展，2018，14（5）：445-454.

[14] 崔春光，林春泽，王晓芳，等.2000 年以来我国长江中游区域暴雨研究进展 [J].气象科技进展，2014，4（2）：6-15.

[15] 蔡怡亨，韩振宇，周波涛.对基于 RegCM4 降尺度的中国区域性暴雨事件模拟评估 [J].气候变化研究进展，2021，17（4）：420-429.

[16] 袁媛，高辉，李维京，等 . 2016 年和 1998 年汛期降水特征及物理机制对比分析 [J]. 气象学报，2017，75（1）：19-38.

[17] 刘芸芸，丁一汇 . 2020 年超强梅雨特征及其成因分析 [J]. 气象，2020，46（11）：1393-1404.

[18] 张小玲，陶诗言，卫捷 . 20 世纪长江流域 3 次全流域灾害性洪水事件的气象成因分析 [J]. 气候与环境研究，2006，11（6）：669-682.

[19] 王永光，娄德君，刘芸芸 . 2020 年长江中下游梅汛期降水异常特征及其成因分析 [J]. 暴雨灾害，2020，39（6）：549-554.

[20] 肖小琼 . 1931 年江淮八省水灾探析 [J]. 文史杂志，2001，2：30-31.

[21] 谈群 . 1931 年安徽水灾救济研究 [D]. 蚌埠：安徽财经大学，2018.

[22] 尚全民，褚明华，骆进军，等 . 2020 年长江流域性大洪水防御 [J]. 人民长江，2020，51（12）：15-20.

近 140 年芜湖地区降水量年代际变化特征

刘 蕾[1] 高 辉[2] 张 丽[1] 王亚玲[1] 付 伟[1]

（1.芜湖市气象局，芜湖 241000；

2.中国人民解放军 93117 部队，南京 210018）

摘要：近百年来，全球气候发生了明显的年代际变化，探讨长江中下游地区代表站的百年降水变迁具有十分重要的意义。利用近 140 年芜湖市气象观测数据和最新发布的 CRU 降水资料，订正构建了 1880—2019 年芜湖市月降水量序列，并通过气候趋势、小波分析、M-K 检验、累积距平等方法分析了芜湖市百年降水变化特征。结果表明：近一个半世纪以来，芜湖市降水量呈现干湿交替分布特征。芜湖市年降水量存在 40 a，10 a，5 a 的周期，且呈微弱的增加趋势；春季降水量还存在 80 a 的长周期变化，总体呈现减弱趋势；夏季降水量周期也与年降水量一致，增加趋势最为显著，对年降水量的增加贡献最大；秋、冬季降水量增加趋势并不显著，其周期变化也与春、夏季有所不同。19 世纪 90 年代芜湖市各季降水量一致性偏少，20 世纪初至 1920 年则异常偏多，这种各季变化高度一致性在百年芜湖市降水变化中非常罕见。1940 年之后，各季节的年代际分布差异性逐渐增大，特别是近 20 年来各季降水量变化趋势的差异更为显著，冬季降水量在 1997 年以后呈明显上升趋势，春季降水量在 2002 年之后呈减弱趋势，秋季降水量则自 2011 年以后增加显著。

关键词：年代际特征，干湿交替，小波分析，M-K 检验

本文已发表于《水土保持研究》2021 年第 5 期。

资助项目：国家自然科学基金（41505049）；安徽省气象局科研面上项目（KM202006）。

 引言

随着全球变暖速度的加快，近 100 年来全球范围内气温、降水都存在明显的年代际改变，已经引起很多学者的关注[1-3]。长序列降水资料是近百年来气候变化研究的基础[4]，但我国大部分连续观测资料都是解放后开始的，因此解放前的资料主要是基于多种数据源的重建资料。例如，王绍武[5]利用史料、树木年轮等代用资料重建了 1880—1996 年中国气温和降水序列；杨溯等[6]收集全球 12 个数据源降水历史月值资料，通过多种统计方法整理出全球降水历史月值数据集；李庆祥等[7]基于不同分辨率网格数据集，建立了 110 年中国降水变化序列，并指出全国年降水量变化略呈下降趋势。

近百年来降水变化存在明显的区域特征[8]。海英和高志强[9]利用 CRU05 资料研究中国的气候变化，发现除秦淮河以南亚热带地区气候变得冷湿外，其他地区气候向湿热方向发展。近百年来华北以及华南的降水发生了 4 次年代际尺度的跃变，长江中下游降水发生了 5 次年代际尺度的跃变[10]。在夏季，我国东部夏季降水百年来年代际变化特征显著，空间场上以偶极型和三级型的分布特征为主[11-12]。针对长江中下游不同地区的百年降水研究也较多，近 120 年来浙江省年降水量无明显的线性变化趋势，存在 56 a 和 35 a 两个周期[13]，上海地区夏季降水在过去 100 多年里存在 3 个多雨湿润期和 3 个少雨偏干期[14]；近百年来武汉地区汛期降水有明显的阶段性和跃变性，旱涝灾害频繁发生[15]。近百年来的降水变化与太阳活动、火山爆发、大尺度的海洋变率密切相关[16]。

可以看出，许多学者对近百年来长江中下游地区年降水、夏季降水的分布特征进行了多角度分析，但是对近百年来四季降水量的分析及不同季节的变化突变、周期的差异性研究较少。另外，很多研究是基于再分析资料，且研究范围较广，无法细致地描述安徽沿江地区百年降水的变化特征。中国具有长达百年气象观测的站少之又少，特别是长江中下游地区，仅有武汉、芜湖、南京、上海徐家汇 4 个站自 19 世纪末起开始进行气象观测且资料序列较长（图 1）。芜湖作为中国 12 个百年气象台站之一，自 1880 年起就有了降水观测，资料十分可贵，利用实测的数据进行分析，能更真实地展示出长江中下游地区特别是安徽沿江地区百年降水变化。

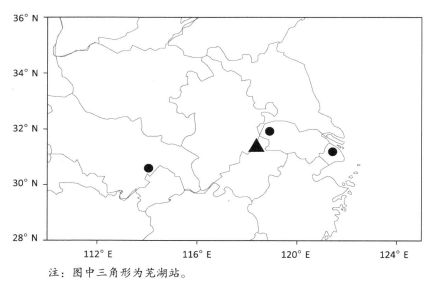

注：图中三角形为芜湖站。

图1 长江中下游地区自19世纪末起开始观测的4个百年气象站

1 数据源与方法

　　1880年3月芜湖海关开始气象观测，资料持续到1937年11月。1937年12月10日，日军轰炸芜湖后，芜湖沦陷。自此，长达58 a的气象观测被迫中断，直至解放后才逐渐恢复气象观测。故本文数据来源于三处：1880年3月—1937年11月降水资料来源于中国气象局档案馆，该数据摘自海关气象观测的逐月降水统计表；1952—2019年芜湖市降水资料来源于安徽省气象信息中心；由于1938—1951年芜湖市气象观测中断，为了资料的完整性，采用CRU再分析降水资料进行检验和替代。CRU资料整合了若干个数据集，月降水量时间长度为1901—2019年，分辨率较高且资料连续，在东亚地区具有较高的可靠性[17]。有研究表明，CRU资料重建的我国年总降水量与全国160个站观测数据吻合，部分地区相关系数高达0.9以上，中国东部四季降水量和CRU重建资料十分一致[18]。

　　对得到的140年芜湖市降水长序列采用Morlet小波分析进行周期检验；另外，采用Mann-Kendall检验方法和累积距平对全年和各季节降水时间序列进行突变分析。1952—2019年芜湖市降水资料来源于安徽省气象信息中心，该资料已进行了严格的质量控制，对台站迁移和自动站代替人工站数据均进行了对比观测，数据质量较高，故不再对其进行检验。

1880 年 3 月—1937 年 11 月降水资料由于年份久远，故需要多种资料进行对比。首先参考竺可桢等[19]汇编的《中国之雨量》对该资料进行验证，发现两套资料无论在年、月季尺度上相关系数极高，说明这些资料是经过早期气象学者校对的，但部分月份降水仍有异常值存在。先对 1880—1937 年月降水量进行均一性检验并结合 1952—2019 年的台站极值检查，发现异常月份见表 1，对这 7 个奇异值采用如下方法替代：首先计算出该缺测数据前后 10 a 当月平均降水量，再与当月 CRU 资料降水值取平均值，得到的月降水数据能较准确地反映出当月降水的真实变化。

表 1　月降水奇异值及存在非均一性的原因

时间	存在非均一性的原因
1901 年 1 月	异常偏低
1903 年 12 月	异常偏低
1905 年 4 月	异常偏高
1913 年 8 月	异常偏低
1917 年 4 月	异常偏低
1928 年 10 月	缺测
1931 年 10 月	缺测

进一步比对 1901—1936 年、1952—2019 年 CRU 和芜湖市测站月、年降水量数据发现，CRU 重建的芜湖市降水量与月降水量和年降水相关系数均较高，高达 0.8 以上，通过了 99.9% 的信度检验。说明 CRU 可以很好地模拟出芜湖市月降水变化特征，对年降水的模拟效果也较好。故 1938—1951 年的月降水资料主要参考 CRU 资料，但由于 CRU 资料存在变化振幅小、极值不显著的特点，与实际降水量有一定偏差，因此先对其进行订正再代入使用。具体方法如下：首先以 CRU 资料作为基准，计算出 1938—1951 年各月距平百分率，再分别以同等级的 1880—1937 年、1952—2019 年月降水量的平均值代替。从图 2 可以看出，通过该方法订正后，1938—1951 年降水标准差增加明显，极值更为显著，订正后的降水更符合观测降水的变化。

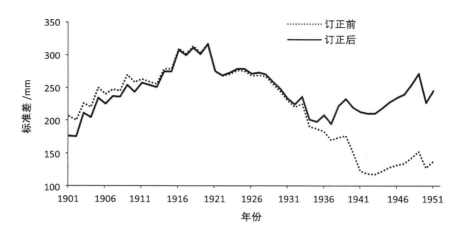

图 2　1901—1951 年降水量订正前后的 13 a 滑动标准差时间序列

2 结果与分析

2.1 趋势变化

芜湖市 1880—2019 年近 140 年的降水量特征变化如图 3a 所示，年降水量呈现微弱的增加趋势，递增率仅为 2.0 mm/10 a，但芜湖市百年降水有明显的年代际、年际间差异。降水最多的年份为 2016 年（1984.2 mm），降水最少的年份为 1978 年（564.2 mm），两者相差近 3 倍。从 9 点滑动平均的时间序列可以看出，20 世纪初的 1905—1920 年降水量异常偏多，其次是 20 世纪 50 年代、80 年代—90 年代初期、2010s 年代后期，芜湖市均呈现降水量偏多的态势。19 世纪 80 年代后期—90 年代、20 世纪 20—30 年代、60—70 年代降水量偏少。近 140 年来，芜湖市年降水量共经历了 4 次偏多—偏少间的年代际转换，因此芜湖市少雨期和多雨期呈现交替分布的格局。

芜湖市春季降水量总体呈现较明显的递减趋势（图 3b），递减率为 3.4 mm/10 a。春季降水异常偏多的年份主要在 1930 年之前，最多的年份春季降水量可高达 690.9 mm（1885 年），该年份春季降水量甚至多于夏季；最低的年份春季降水量仅为 119.3 mm（1917 年）。20 世纪初至 1920 年、20 世纪 50 年代、90 年代，春季降水量偏多；19 世纪 90 年代、20 世纪 20 年代、21 世纪以来，春季降水量偏少。从累积距平变化可以看出，

20 世纪以来,春季降水量递减速度明显加快,递减率达到 39.4 mm/10 a。其中,1880—1940 年年际间变化最为剧烈,此时春季出现旱涝的概率最大。

芜湖市夏季降水量呈现明显的增加趋势(图 3c),递增率为 4.8 mm/10 a,特别是近 70 年来,夏季降水的递增速度加快,递增率高达 6.7 mm/10 a。累积距平场上也显示自 1980 年以来夏季降水量一直维持正距平增加的趋势。夏季降水量最大值出现在 1954 年(1028.1 mm),最小值出现在 1900 年(115.1 mm)。从 9 a 滑动平均序列图看出,20 世纪初至 1920 年、20 世纪 50 年代、80 年代至今,芜湖市夏季降水量偏多;19 世纪 90 年代、20 世纪 20—30 年代、70 年代,夏季降水量偏少,夏季降水量也呈现干湿交替的年代际变化。

芜湖市秋季整体无明显的增加或减少趋势(图 3d)。秋季最大降水量出现在 1983 年(629.5 mm),最小降水量出现在 1898 年,季度降水量仅 17.8 mm,属于严重的秋季干旱。秋季降水异常偏多的年份主要在 1910 年之前和 1980 年之后,1911—1979 年秋季降水量变化平稳,没有出现明显的极值。20 世纪初至 1920 年、20 世纪 60—80 年代、2015 年至今,芜湖市秋季降水量偏多;19 世纪 90 年代、20 世纪 20—30 年代、50 年代、90 年代,秋季降水量偏少。

芜湖市冬季降水量为微弱的增加趋势(图 3e),递增率为 2.2 mm/10 a。冬季最大降水量出现在 1905 年(436.6 mm),最小降水量出现在 1893 年(32.8 mm)。芜湖市冬季降水量变化比较平缓,年代际变化较小。20 世纪初至 1920 年、20 世纪 50 年代、21 世纪以来,冬季降水量偏多;20 世纪 60 年代、80 年代,冬季降水量偏少。但这种年代际变化的变率明显小于夏季和全年降水量。

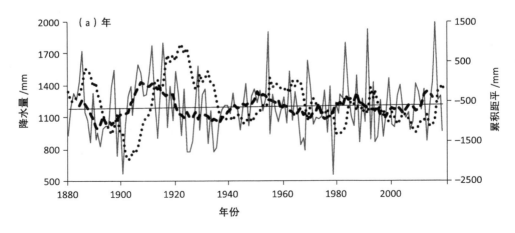

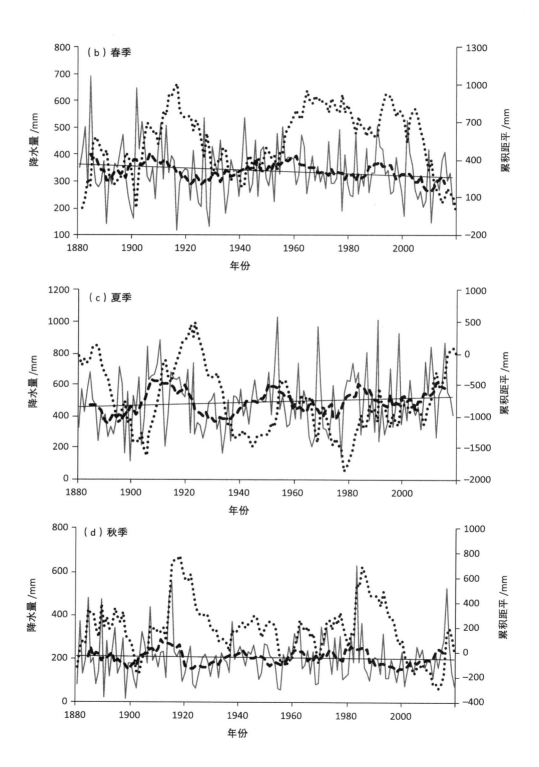

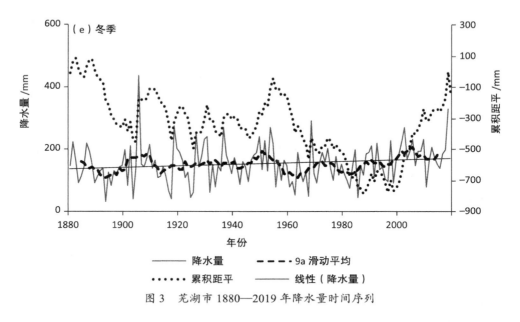

图 3　芜湖市 1880—2019 年降水量时间序列

　　总体来看，19 世纪 90 年代，除了 1895 年左右秋季降水量偏多，其他各月降水量均为负距平。1900—1920 年基本呈现四季一致正距平，异常强降水主要集中在 6—9 月，对全年降水量增加的贡献最大。20 世纪 20—30 年代则呈现完全相反的趋势，除了个别年份外，3—10 月维持持续的负距平，故全年降水量也呈现明显的递减趋势。20 世纪 40 年代降水量变化平缓；50 年代 5—7 月降水量异常偏多，9—11 月降水量偏少；60 年代则与 50 年代呈现相反的季节分布；70 年代 9—11 月降水量偏多，其他月份维持降水量负距平；80—90 年代初期，夏季降水量一直维持正距平，这也与之前的分析一致。2000 年左右夏季降水量明显偏少，但进入 21 世纪以来，6—9 月的降水量持续增多。芜湖市夏季降水量的变化趋势与全年降水量变化最为一致，两者相关系数高达 0.79，说明夏季降水量的年代际变化对全年降水量起决定性作用。

2.2　周期变化

　　图 4a 清晰显示了年降水量小波变换系数的实部的波动特征，具体反映了芜湖市年降水量偏多和偏少交替变换的特性。可以看出，芜湖市年降水量存在 40 a、10 a、5 a 左右的准周期振荡。从模平方时频分布结果可得：40 a 时间尺度的周期振荡最为显著，在这个尺度上共出现了干、湿交替 4 次，这一点与年降水量序列变化结论一致。1990 年之前，年降

水量一直存在准 10 a 的周期，但这种周期在近 20 a 变得不再显著。5 a 左右的周期变化时间较短，且不连续，波动能量集中在 1900—1920 年，2000—2019 年。总体来看，准 40 a 的周期振荡贯穿整个 140 年，是影响未来芜湖地区降水量的主要时间尺度。

图 4b 显示，在整个时间域上芜湖市春季降水量具有 80 a 尺度的年代际变化周期。另外，芜湖市春季降水量也存在 30 ~ 40 a 的周期变化；1940—1980 年存在准 20 a 周期变化；1880—1940 年、1880—2019 年为准 10 a 周期变化。但整体信号强度明显比年降水量弱，这说明春季降水量的周期振荡并不十分显著。其中，10 a 时间尺度的周期表现最强，其他长周期波动能量较弱。

从图 4c 可以看出，夏季降水量的周期变化特征与年降水量十分相似，但周期振荡时段与年降水量有所不同。夏季降水量小波实部等值线在 40 a 左右的振荡最为明显。除此之外，芜湖市夏降水量一直存在准 10 a 的周期，但在 1880—1940 年、1950—1980 年波动最为显著。1890—1920 年、1970—2019 年，芜湖市夏季降水量还存在准 5 a 的周期变化。但夏季降水量的准 10 a、5 a 周期的振荡中心与年降水量的振荡中心不同。

由图 4d 可见，秋季降水量整个周期上存在 60 a 的年代际变化周期，1960 年之前存在 30 a 的周期，这两个周期主要集中在 2000 年之前，另外在整个时间域上具有 10 a 尺度的变化周期，并且周期振荡十分显著。

冬季降水量在整个时间域上存在 80 a 的年代际变化周期（图 4e），除此之外，20 世纪 60 年代之前存在 20 ~ 25 a 的变化周期，但这种变化周期在 1960—2000 年缩短至 15 a 左右，2000 年之后，又变成了 20 a 左右的周期变化。另外，20 世纪 40 年代之前芜湖市秋季降水还存在 10 a 的周期变化。综上所述，芜湖市年、四季的降水量均存在多个周期，且有一致的准 10 a 周期，但在长周期上分布有所不同。

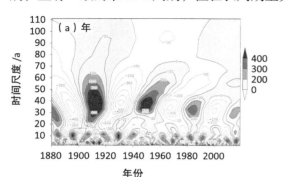

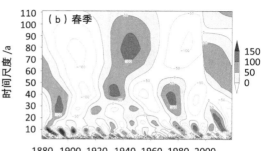

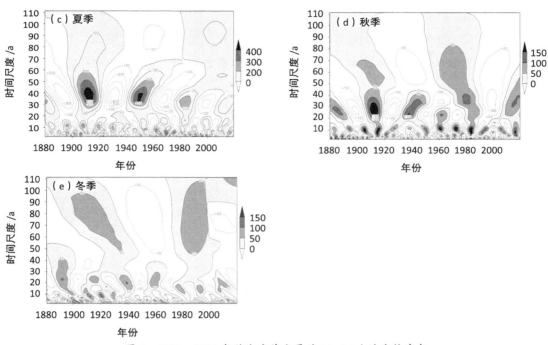

图 4　1880—2019 年芜湖市降水量的 Morlet 小波变换实部

2.3　突变特征

芜湖市百年降水量序列较长，除了存在周期性变化，还存在变化显著的年份，需要进行突变检验。不同的突变检验方法各有优缺点，本文采用 Mann-Kendall 检验并结合图 3 的累积距平对芜湖市百年年降水量、四季降水量的突变特征进行分析。若某时段内 UF 和 UB 曲线交点太多，则没有明显的统计学意义。去除掉交点太多的时段后，芜湖市年降水量的 UF 和 UB 主要相交于 1901 年、1924 年、1954 年、2014 年（图 5a），这些年份也是累积距平场上的转折年份，说明这些年份降水量变化幅度较大。图 5b 显示春季降水量 UF 和 UB 在 1901 年、1925 年、2002 年、2014 年相交，考虑到累积距平（图 3b）的变化，确定 1901 年、1925 年、2002 年为春季降水量的突变年。夏季降水量的 UF 和 UB 曲线交于 1885 年、1905 年、1921 年、2006 年（图 5c），由于累积距平中 2006 年不是转折年份（图 3c），确定 1885 年、1905 年、1921 年为夏季降水量突变年，结合夏季降水量的周期变化和年代际变化特征，这 3 个年份降水量都有明显的转折，具有气候学意义。秋季降水量 UF 和 UB 主要相交于 1901 年、1922 年、1977 年、1984 年、2011 年（图 5d），在累积距平曲线上（图 3d）除了 1977 年，其他年份都是转折年，因此 1901 年、1922 年、1984 年、2011 年秋季降水量增多或减少显著。M-K 检验（图 5e）和累积距平（图 3e）均显示冬季降水量的突变年为 1997 年，这表明 1997 年之后，冬季降水量呈现明显的上升趋势。

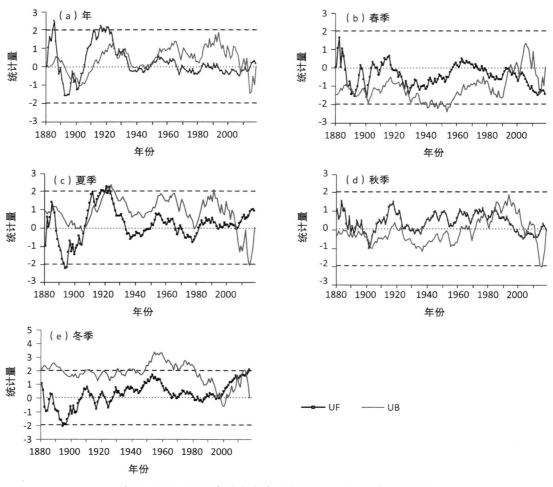

图 5　1880—2019 年芜湖市降水量的 Mann-Kendall 突变检验

3 结论

（1）近 140 年来芜湖市年降水量仅呈略微上升趋势，但各季节变化趋势明显不同，其中夏季降水量增加趋势最为明显，冬季次之；秋季没有明显的增加趋势；春季降水量则呈现较明显的递减趋势，21世纪以来这种递减趋势更为显著。

（2）不同季节降水的周期也有所不同。芜湖市年降水量和夏季降水量周期时间尺度基本一致，整个时间域内受40 a，10 a 和5 a 等3个时间尺度波动变化所影响，但10 a 和5 a 时间尺度的周期振荡时段不同。春季降水量存在80 a，40 a，20 a 和10 a 共4个时间尺度的周期变化规律；秋季降水量存在60 a，30 a 和10 a 的准周期变化；冬季降水量存在80 a，15～20 a 和10 a 等3个周期，其中15～20 a 左右周期较明显，是主导周期。对比发现，年降水量及四季降水量多雨期和少雨期交替分布与其周期变化十分吻合，不同季节的周期变化影响着各季节降水量的干湿交替变化。

（3）各季节的突变年是多雨期、少雨期的转换年，与降水量的周期变化对应关系较好。除了冬季外，1900年、1920年左右都是年、各季降水量一致的突变年，故1900年左右全年和各季降水量呈明显增多的趋势，1920年则呈现显著的递减趋势。除此之外，春季在2002年开始呈现明显的减弱趋势；秋季在1984年、2011年也存在突变，特别是2011年以来，秋季降水量偏多的趋势更加明显；冬季降水量在1997年之后处于偏高期。

综上，19世纪90年代至1920年芜湖市各季节降水变化趋势基本一致，这种一致性在百年芜湖市降水变化中非常罕见。1940年之后，各季节的年代际分布差异性逐渐增大，突变分析也显示了近20 a 来各季降水量变化趋势差异性更为显著。近140年来这种各季节气候趋势的差异性逐渐增大是否与全球变暖有关？是否是整个长江中下游的共同特征？这些问题还需要进一步深入研究。

参考文献

[1] DING Y H, WANG Z Y, SUN Y. Interdecadal variation of the summer precipitation in East China and its association with decreasing Asian summer monsoon. Part I. Observed evidences[J]. *International Journal of Climatology*, 2008, 28（9）: 1139-1161.

[2] TU K, YAN Z W, DONG W J. Climatic jumps in precipitation and extremes in drying North China during 1954-2006 [J]. *J. Meteor. Soc. Japan*, 2010,88（1）: 29-42.

[3] 王敏，任建玲，易笑园，等. 1901—2016年天津地区降水的多尺度特征 [J]. 水土保持研究，2020，27（5）: 154-159.

[4] 丁一汇,任国玉,赵宗慈,等.中国气候变化的检测及预估[J].沙漠与绿洲气象,2007,1（1）：1-10.

[5] 王绍武.近百年中国气候变化的研究[J].中国科学基金,1998,3（4）：167-170.

[6] 杨溯,徐文慧,许艳,等.全球地面降水月值历史数据集研制[J].气象学报,2016,74（2）：259-270.

[7] 李庆祥,彭嘉栋,沈艳.1900—2009年中国均一化逐月降水数据集研制[J].地理学报,2012,67（3）：301-311.

[8] 施能,陈绿文,封国林,等.1920—2000年全球陆地降水气候特征与变化[J].高原气象,2004,23（4）：435-443.

[9] 海英,高志强.中国百年气候变化及时空特征分析[J].科技通报,2010,26（1）：58-62.

[10] 吕俊梅,琚建华,江剑民.近一百年中国东部区域降水的年代际跃变[J].大气科学,2009,33（3）：524-536.

[11] 吕俊梅,祝从文,琚建华,等.近百年中国东部夏季降水年代际变化特征及其原因[J].大气科学,2014,38（4）：782-794.

[12] 任永建,宋连春,肖莺.1880—2010年中国东部夏季降水年代际变化特征[J].大气科学学报,2016,39（4）：445-454.

[13] 肖晶晶,李正泉,郭芬芬,等.浙江省1901—2017年降水序列构建及变化特征分析[J].气候变化研究进展,2018,14（6）：553-561.

[14] 孟菲,康建成,王甜甜,等.上海市近百年来夏季降水时空分布特征及影响因素[J].气象与环境科学,2007,30（3）：14-19.

[15] 张秀丽,郑祚芳,何金海.近百年武汉市主汛期降水特征分析[J].气象科学,2002,22（4）：379-386.

[16] 丁一汇,王会军.近百年中国气候变化科学问题的新认识[J].科学通报,2016,61（10）：1029-1041.

[17] 张存杰,李栋梁,王小平.东北亚近100年降水变化及未来10～15年预测研究[J].高原气象,2004,23（6）：919-929.

[18] 闻新宇,王绍武,朱锦红,等.英国CRU高分辨率格点资料揭示的20世纪中国气候变化[J].大气科学,2006,30（5）：894-904.

[19] 竺可桢,涂长望,张宝堃.中国之雨量[M].南京：国立中央研究院气象研究所,1936：76-78.

1880—2020 年安徽芜湖气温长序列构建及年代际特征

刘　蕾　李　鸾　张　丽　孙大兵　张晓忆

（芜湖市气象局，芜湖 241000）

摘要： 完整的百年气温长序列是气候变化分析的基础，局地百年气温变化既有共性，也存在一定的差异。本文利用 1880—1937 年、1952—2020 年安徽芜湖站气温观测资料和 1901—2020 年英国东英吉利大学气候研究中心（Climatic Research Unit，CRU）格点气温资料，首先对芜湖站气温观测资料进行检验和订正。在此基础上，采用多元逐步回归分析方法，构建芜湖站 1880—2020 年月平均气温序列，并统计分析气温的年代际变化特征。结果表明：差值和均一化订正进一步提高了芜湖站 1880—1937 年月平均气温观测数据质量。用 1901—1937 年、1953—2020 年观测的月平均气温和 1901—2020 年 CRU 格点气温拟合的两套气温平均值插补，能够更好地反映芜湖站 1938—1951 年月平均气温的变化。近 140 年来，芜湖春、夏、冬季增温显著，且春季气温增幅最明显，而秋季增温趋势不显著；各季节均存在冷暖交替的年代际变化特征，但近 20 年增温有所停滞；存在 80 ~ 90 a、40 ~ 50 a、20 ~ 30 a 等 3 个主要周期，且以 80 ~ 90 a 全时域内的周期变化最为显著。

关键词： 差值和均一化订正，百年以上气温序列构建，年代际特征，安徽芜湖

本文已发表于《干旱气象》2022 年第 5 期。

资助项目：国家自然科学基金（41505049）；中国气象局创新发展专项（CXFZ2021Z007）；安徽省气象局研究型业务科技攻关项目"气象数据共享服务关键技术研究"（YJG202003）；安徽省气象局创新团队建设计划项目。

引言

　　近 1000 年中,20 世纪以来气候变暖最为显著,尤其近 50 年的变暖趋势更为明显 [1]。研究发现,中国百年气温的暖期分别出现在 20 世纪 30—40 年代和 80—90 年代,但存在明显的区域性差异 [2],早期增暖过程中气候系统内部过程影响较大,而近几十年的增温则更多受外强迫的影响 [3]。其中,中国西北、东北、华北地区增暖最显著,而西南地区增温趋势最弱 [4]。由于资料来源、观测时段不同,中国近百年增温速率仍存在争议 [5-7],总体上百年增温范围在 0.9 ~ 1.52 ℃之间 [8]。完整的百年气温长序列是气候变化分析的基础,鉴于 1951 年前全国气象观测台站稀少,气温序列缺测较多,最初有学者利用气温等级对气温序列进行延长插补 [9],或利用史料、树木年轮等代用资料来完善,而近年来利用重建的再分析资料研究气温的百年变化成为新态势 [5-6,10]。但这些代用资料、再分析资料普遍存在变化幅度小、极值不显著的特征,无法准确反映极端年份的气温变化,因此,利用百年以上尺度的实测气温数据进行气候变化分析至关重要。研究结果显示,不同地区局地百年气温变化既具有一定的共性,也存在一定的差异。如,广州在 20 世纪 40 年代开始增温,80 年代至 20 世纪末进入快速增温时期 [11];大连在 1930 年和 1982 年存在 2 个增暖突变点,20 世纪 90 年代之后增暖趋势最显著 [12];上海在 20 世纪 30—40 年代、90 年代至 21 世纪初升温明显 [13];浙江在 20 世纪 30—40 年代增温不显著,但在 20 世纪 70 年代之后增温迅速 [14]。可见,广州、大连、上海等城市的暖期与全国基本一致,而浙江与全国存在一定差异。

　　长江中下游地区仅有南京、武汉、芜湖、上海 4 个世界气象组织(WMO)百年气象站,但这些站的百年气温变化研究时间偏早,且在气温序列重建中对观测时次导致的误差、台站搬迁、数据均一性检验等考虑较少 [15-16],无法得到真实反映。芜湖站作为我国 14 个世界百年气象站之一,同时也是安徽省首个世界百年气象站,其意义对于安徽省乃至中国非常重大。然而,目前芜湖站近 140 年的气温数据仍未数字化整理和质量控制。为此,本文参考前人研究方法,对芜湖站 2 个时段(1880—1937 年、1952—2020 年)月平均气温进行数字化整理及质量控制,并结合英国东英吉利大学气候研究中心(Climatic Research Unit,CRU)格点气温资料,采用逐步回归分析方法,对观测气温进行拟合,并对缺测值（1938—1951 年）插补，从而构建 1880—2020 年百年月平均气温序列，并在此基础上探讨气温的年代际变化特征。

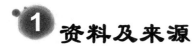

资料及来源

1880 年 3 月 1 日起，芜湖海关气象观测站正式开始观测；1937 年 11 月芜湖沦陷，气象观测被迫中止；新中国成立后，1952 年 1 月 11 日开始恢复观测。除 1938—1951 年、1952 年 1 月部分数据缺测外，其他时段数据完整、可用性高。其中，1880—1937 年日平均气温来源于手抄的《海关气象观测月总簿》，1952—2020 年气温资料来源于安徽省气象信息中心。另外，还使用了英国东英吉利大学气候研究中心发布的 1901—2020 年 TS（time series）4.04 格点气温逐月资料，空间分辨率为 0.5°×0.5°，该数据在中国长江流域适用性强[17]。另外，安徽省行政边界是基于安徽省自然资源厅审核批准的审图号为皖 S（2021）3 号的标准地图制作的，底图无修改。

对芜湖站气温资料进行质量控制，即设定各月日平均气温 3 倍标准差为阈值，对 1880—1937 年、1952—2020 年日平均气温进行质量检验，若日平均气温超出阈值则记为缺测，气温缺测 5 d 以上的月份记为月平均气温缺测。总体来看，芜湖站月平均气温质量较高，仅 1923 年 10 月、11 月和 1937 年 12 月、1952 年 1 月平均气温缺测。总体来看，将缺测的月平均气温暂用距离最近的 CRU 格点气温代替。

芜湖站月平均气温订正和序列构建

2.1 1880—1937 年和 1952—2020 年气温订正及插补

2.1.1 差值订正

1880—1937 年气温观测时次与新中国成立后不同，由于观测时次、计算方法不同，平均气温往往存在细微差别，需要将其订正到统一标准上[14,18]。根据《地面气象观测规范》要求[19]，芜湖站 1952—2020 年平均气温计算采用 02:00、08:00、14:00、20:00（北京时，下同）4 次定时观测值，本文称之标准时次。然而，1880—1937 年芜湖站气温观测时次并非如此（表 1），1880—1885 年、1904—1937 年每日 8 次观测，观测时次依次为 03:00、06:00、09:00、12:00、15:00、18:00、21:00、24:00，平均气温为 8 个时次的均值；1886—1903 年每日 4 次观测，观测时次依次为 03:00、09:00、15:00、21:00，平均气温为 4 个时次的均值。可见，观测时次、计算方法不同，必然导致误差产生。因此，需利用差值订正法将 1880—1937 年两种不同观测时次的气温月值统一订正到标准时次。

表 1　芜湖站不同时期气温观测时次及日平均气温的计算时次

时　段	气温观测时次	日平均气温计算时次
1880—1885 年和 1904—1937 年	03:00、06:00、09:00、12:00、15:00、18:00、21:00、24:00	03:00、06:00、09:00、12:00、15:00、18:00、21:00、24:00
1886—1903 年	03:00、09:00、15:00、21:00	03:00、09:00、15:00、21:00
1952—2006 年	02:00、08:00、14:00、20:00	02:00、08:00、14:00、20:00
2007—2020 年	每小时正点	02:00、08:00、14:00、20:00

为了使订正数据更加准确，考虑到芜湖站自 2007 年起开始逐小时气温观测，故利用 2007—2020 年数据计算各月不同观测时次与标准时次平均气温差值进行订正。具体方法是：对 2007—2020 年各月 8 个观测时次（03:00、06:00、09:00、12:00、15:00、18:00、21:00、24:00）和 4 个标准时次的气温求平均后相减，用该差值订正 1880—1885 年及 1904—1937 年的月平均气温，即非标准时次平均气温减去对应差值，从而实现气温订正。同样，计算 2007—2020 年各月 4 个观测时次（03:00、09:00、15:00、21:00）与 4 个标准时次的月平均气温差值，用该差值订正 1886—1903 年的月平均气温。

图 1 是 2007—2020 年芜湖站不同观测时次与标准时次气温平均误差的月际变化。可以看出，除 9 月外，8 次和 4 次观测的月平均气温均较标准时次偏高，误差为 0 ~ 0.2 ℃，但 4 次观测的误差更大，说明观测时次越密越有利于误差减小。因此，1880—1885 年和 1904—1937 年月平均气温数据质量优于 1886—1903 年。利用各月平均误差进行相应的气温订正，可进一步消除因观测时次不同而导致的误差。

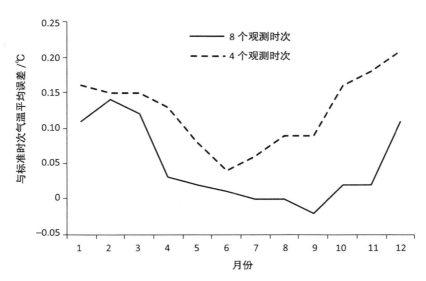

图 1　2007—2020 年芜湖站不同观测时次与标准时次气温平均误差的月际变化

伴随气候变暖的加快，全球气温日较差呈现不同程度的下降[20]。那么，仅利用全球变暖背景下 2007—2020 年数据对 1880—1937 年月平均气温进行差值订正是否可靠？为验证这一问题，对 2007—2020 年全年及不同季节 8 次和 4 次平均气温误差的线性倾向率进行统计（表 2），发现 8 次和 4 次平均气温的误差在 2007—2020 年变化趋势非常缓慢，线性倾向率均未通过 α =0.05 的显著性检验，其中春、夏季呈现缓慢增大趋势，秋、冬季则呈现缓慢减小趋势，而年平均气温误差的变化基本可以忽略不计。虽然 2007—2020 年芜湖站总体处于增温阶段，且日较差有所减小，但其变化趋势对 8 次和 4 次平均气温误差影响较小，故推测气温的年代际变化对不同观测时次平均气温误差影响有限，利用 2007—2020 年小时气温数据进行不同观测时次的差值订正是有效的。

表 2　2007—2020 年全年、不同季节 8 次和 4 次观测气温的平均误差线性变化趋势

单位：℃·（10 a ）$^{-1}$

日观测次数	全年	春季	夏季	秋季	冬季
8 次	0.006	0.026	0.028	−0.019	−0.033
4 次	0.00004	0.007	0.012	−0.007	−0.032

2.1.2　均一性订正

采用标准正态均一性检验（Standard Normal Homogeneity Test，SNHT）方法[21-22]，对 1952—2020 年芜湖站月平均气温资料进行均一性检验。在均一性检验过程中，建立数据质量较高的参考序列非常必要。因此，选取芜湖站周边 200 km 内溧阳、长丰、黟县 3 站作为参考站（图 2），这 3 站自建站以来未迁过站、探测环境较稳定，序列资料完整性好且质量高。长丰站建站较晚，资料始于 1967 年，故选取 1967—2020 年 3 站月平均气温作为参考。

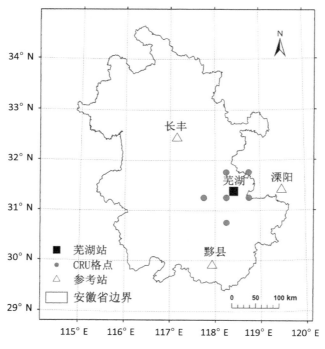

图 2　芜湖站及周边相邻的 CRU 格点与参考站空间分布

经计算，3 个参考站月平均气温与芜湖站的相关系数高达 0.99 以上。SNHT 均一性检验（0.01 的显著性水平）发现，1988 年 11 月、1990 年 7 月、1992 年 10 月、1994 年 7 月的平均气温出现非均一性突变点（表 3）。经核查芜湖台站沿革资料发现，1988 年突变是因观测场海拔整体升高所致，1992—1994 年突变则是因观测场北部建设办公楼所致，而 1990 年突变原因不明。另外，自建站以来，芜湖站分别在 1955 年 4 月 1 日（118°23′ E，31°20′ N；海拔 15.2 m）、2006 年 1 月 1 日（118°22′ E，31°23′ N；海拔 9.5 m）、2016 年

1月1日（118°21′ E，31°20′ N；海拔 12.8 m）经历 3 次迁站（表略），迁站前后地理条件相似，并未造成气温的非均一性突变。

表 3　芜湖站新中国成立前后月平均气温的非均一性突变点及原因

新中国成立前	新中国成立后		
突变点	突变点	突变的可能原因	
1902 年 2 月	1988 年 11 月	1987 年观测场海拔整体升高 40 cm	
1902 年 6 月	1990 年 7 月	原因未知	
1906 年 12 月	1992 年 10 月	观测场北部建设办公楼	
1911 年 9 月	1994 年 7 月	观测场北部建设办公楼	
1917 年 5 月	—	—	
1923 年 9 月	—	—	

　　1901—1937 年芜湖站周边无观测资料连续且质量较好的参考站，故选取该站周边相邻且相关性最高的 6 个 CRU 格点（图 2）资料作为参考气温。统计显示，与距离芜湖站最近的 CRU 格点气温相比，6 个格点月平均气温与芜湖站的均方根误差明显偏小，偏差也相对较小，相关系数更高，更接近观测值。因此，用 6 个 CRU 格点的月平均气温作为参考气温更为合理。同样，采用 SNHT 方法对 1901—1937 年芜湖站实测月平均气温进行均一性检验发现，有 6 个数据出现突变且数值偏大（表 3）。由于没有新中国成立前芜湖台站的沿革资料，无法推断出现非均一性的原因。1880—1900 年没有 CRU 数据作为参考，故该时段内芜湖站月平均气温采用距平累积法和极值检查，未发现明显的突变点。

2.1.3　异常值插补

　　由于 1952—2020 年、1901—1937 年芜湖站月平均气温与参考气温存在极显著正相关关系，故分别建立这两个时段两者的线性回归方程，并利用回归方程拟合数据对非均一性突变点进行插补。

　　鉴于 1952—2020 年突变点较少，插补后的序列和原始序列差异不大（图略）。1880—1937 年芜湖站经差值、均一化订正及插补后的气温序列略低于原始序列，特别在

1891—1911 年订正效果明显（图 3）。可见，通过上述订正及插补，可以消除观测时次不同及非均一性导致的误差，明显提高了 1880—1937 年数据的可用性。

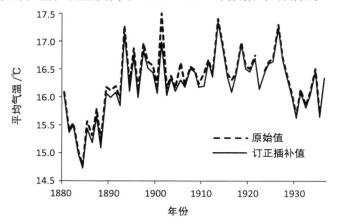

图 3 1880—1937 年芜湖站原始和订正插补的平均气温时间序列

2.2 1938—1951 年气温序列构建

1938—1951 年芜湖站观测中断，需利用 CRU 格点气温数据进行构建。由于 CRU 格点气温与芜湖站观测气温存在一定偏差，直接代替势必造成数据的非均一性。经统计，芜湖站邻近的 CRU 格点气温比观测值偏低，1901—1937 年、1953—2020 年（考虑到 1952 年 1 月气温缺测，故从 1953 年开始计算）分别偏低 0.9、0.4 ℃。故基于这两个时段芜湖站月观测气温与上述周边相邻的 6 个 CRU 格点气温，采用多元逐步回归分析方法，分别建立芜湖站月平均气温的最优拟合方程，对 1938—1951 年气温进行拟合，取平均值进行插补。多元逐步回归计算公式 [23] 如下：

$$\hat{y} = \beta_0 + \sum_{j=1}^{n} \beta_j y_j + \varepsilon \tag{1}$$

式中：$\hat{y}$（℃）为站点拟合气温；y_j（℃）为站点周边相邻的第 j 个格点气温；β_0 是站点气温拟合常数；β_j 是站点周边第 j 个格点的气温拟合系数；ε（℃）是站点气温残差；n 为格点数，本文取 6。

以构建 1901—1937 年 1 月最优拟合方程为例，首先，计算该时段内芜湖站观测气温与周边多个 CRU 格点气温的相关系数，选出 6 个相关系数最高的格点气温作为自变量，芜湖站观测气温作为因变量，建立多元逐步回归方程；然后，基于 1901—2020 年上述

CRU 格点气温，利用多元逐步回归拟合方程，拟合同期芜湖站气温。同样，基于 1953—2020 年芜湖站观测气温和 CRU 格点气温建立拟合方程，并拟合 1901—2020 年芜湖站气温。以此类推，建立两套芜湖站月拟合气温序列。

从图 4 可以看出，芜湖站观测气温与基于 1901—1937 年、1953—2020 年数据的拟合气温存在一定偏差，总体上前者较观测平均偏高 0.25 ℃，后者平均偏低 0.19 ℃，但两套拟合气温与观测气温的变化趋势基本一致，且两个偏差序列的标准差接近，说明两个时段数据拟合的气温偏差变化稳定。1938 年以前，两套拟合气温绝大部分年份低于观测气温，但基于 1901—1937 年数据拟合的气温更接近观测气温；1953 年以后，基于 1901—1937 年数据拟合的气温明显高于观测气温，而基于 1953—2020 年数据拟合的气温更接近观测气温，其中 20 世纪 90 年代以前拟合气温略偏高，之后拟合气温略偏低。可见，1938—1951 年月平均气温用两套拟合气温序列的平均值进行插补，比 CRU 格点序列或单一的拟合气温序列更加准确。

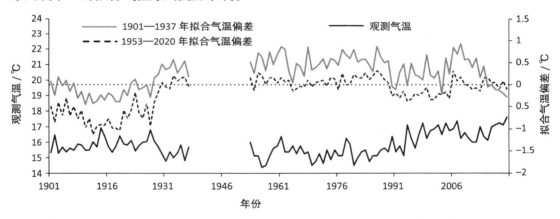

图 4 芜湖站 1901—2020 年订正插补的观测气温及拟合气温偏差时间序列

③ 芜湖平均气温的年代际特征

3.1 变化趋势

图 5 是 1880—2020 年芜湖站全年及各季平均气温的变化曲线。可以看出，近 140 年芜湖站年平均气温整体呈显著上升趋势（通过 α=0.01 的显著性检验），气候倾向率为

$0.06\ ℃·(10\ a)^{-1}$，低于中国百年气温增速[5-9]，且重建的 1938—1951 年序列没有明显突变（图 5a）。与周边上海站对比发现，芜湖、上海年平均气温在 20 世纪 40 年代均略有上升[16]，这间接表明了重构的 1938—1951 年数据能够较好地反映缺测时段芜湖站气温的年际变化。另外，芜湖气温变化存在明显的阶段性，19 世纪末为显著偏冷时段，累积距平始终为负值；20 世纪初至 20 年代为偏暖时段，随后 30 年代偏冷，40 年代偏暖，50—80 年代又转为明显偏冷时段，90 年代之后气温快速回升，累积距平持续为正值，增温持续时间最长。其中，21 世纪以来平均气温较 19 世纪末明显偏高 1.3 ℃。

与年平均气温变化趋势一致，近 140 年芜湖站四季气温也呈现增加趋势，春季增温最显著，气候倾向率为 $0.12\ ℃·(10\ a)^{-1}$，远超出其他季节，对年平均气温增温的贡献最大。春季气温在 19 世纪末至 20 世纪 20 年代为持续稳定增温阶段，之后与年平均气温的变化基本一致（图 5b）。研究表明，1885 年以来长江中下游地区四季气温百年增加 0.59 ~ 0.92 ℃，春季增温最大[24]。在同时段内，芜湖春季增温趋势略高于长江中下游区域平均。夏、冬季气温的气候倾向率与年平均气温接近，分别为 0.06、$0.07\ ℃·(10\ a)^{-1}$（通过 $α=0.01$ 的显著性检验）。夏季，除 19 世纪末气温异常偏低外，20 世纪初至 60 年代气温的年代际差异较小，冷暖交替变化没有春季显著，而 70—80 年代为偏冷期，90 年代之后转为偏暖期，长期维持正距平（图 5c），这一点与年平均气温变化一致；冬季气温也呈现冷暖交替的年代际变化特征，19 世纪末异常偏冷，20 世纪初至 20 年代偏暖，30—80 年代持续偏冷，90 年代以后增暖趋势显著（图 5e）。秋季增温最弱，气候倾向率仅为 $0.02\ ℃·(10\ a)^{-1}$（图 5d），未通过 $α=0.01$ 的显著性检验，与年平均气温变化类似，在 20 世纪初至 20 年代、90 年代之后存在 2 个暖期。综上所述，近 140 年芜湖站年及季节（秋季除外）气温整体显著上升，且存在冷暖交替的年代际变化特征，但不同季节冷暖变化时期略有不同。

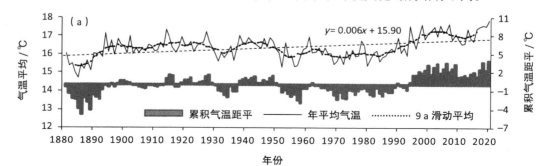

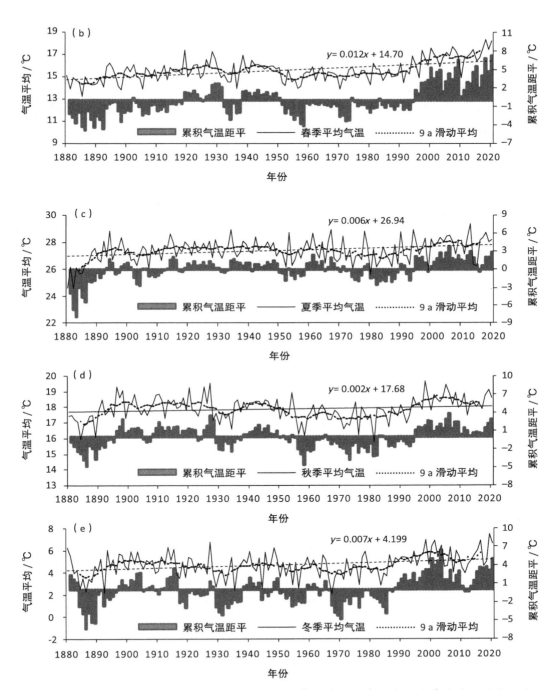

图 5　1880—2020 年芜湖站年（a）和春季（b）、夏季（c）、秋季（d）、冬季（e）平均气温时间
序列及年代际变化

鉴于四季气温的气候倾向率与所选时段有很大关系,故计算四季气温在不同时段的气候倾向率(图6)。可以看出,春季气温在各时段的增温率均最大,远高于其他季节;冬季增温率次之,与前面分析一致。虽然1880—2020年芜湖市增温趋势弱于全国平均[5-6],但随着时间的推移和统计时段的缩短,各季节增温趋势逐渐增大,1980—2020年四季增温趋势最强,增温率在0.33 ℃·(10 a)$^{-1}$以上,其中春季增温率高达0.65 ℃·(10 a)$^{-1}$。然而,进入21世纪以来,四季增温率减弱明显,夏、秋季气温甚至出现下降趋势,这一特征与东亚增温停滞[25-26]相吻合,说明近20年来芜湖增温减缓。KNIGHT等[25]研究指出,1998年全球气温达到最高点后,增温率不再继续上升,这主要是CRU资料的问题。事实上,芜湖站气温观测资料显示21世纪以来增温停滞现象客观存在。尽管增温有所放缓,但气候变化是一个长期过程,需要从几十年甚至上百年的尺度进行研究。

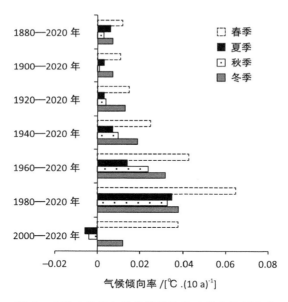

图 6 不同时段芜湖站季节平均气温的气候倾向率

3.2 周期特征

对近140年芜湖站年和四季平均气温进行小波分析(图7)。可以看出,芜湖年及四季平均气温存在64 a以上时间尺度的周期振荡,但该周期多处于边缘效应影响区域,故真实性有待商榷。另外，年及秋季（图略）、冬季平均气温均存在 40~50 a 的周期振荡，对应该时段冷暖交替频繁。此外，年、四季平均气温在不同时段还存在 20~30 a 的周期振荡，其中春、冬季该周期贯穿整个时域，而年及夏、秋季该周期仅集中出现在 19 世纪末至 20 世纪 60 年代。

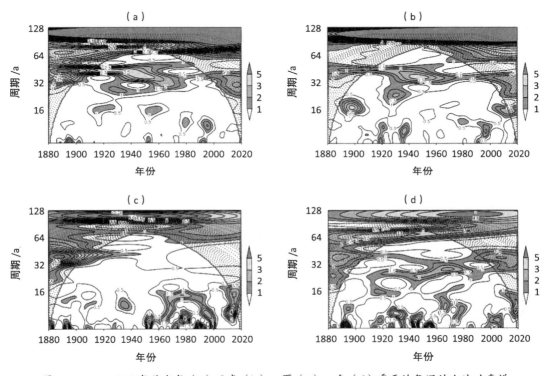

图 7　1880—2020 年芜湖年（a）及春（b）、夏（c）、冬（d）季平均气温的小波功率谱

4 结论

本文利用芜湖站百年气温观测数据和周边 CRU 格点再分析资料，在差值和均一化订正基础上，采用多元逐步回归分析方法，构建 1880—2020 年芜湖月平均气温序列，并对年及四季平均气温的年代际变化特征进行分析。总体上，芜湖站气温原始序列个别存在非均一性突变，且 1880—1937 年月平均气温偏高，经差值和均一化订正后数据质量得到明显改善，年及季节平均气温均呈现冷暖交替的年代际变化，不同季节变化特征略有差

异。具体结论如下：

（1）不同观测时次计算的月平均气温有所差异。与目前标准时次（02:00、08:00、14:00、20:00）相比，新中国成立前8次（03:00、06:00、09:00、12:00、15:00、18:00、21:00、24:00）和4次（03:00、09:00、15:00、21:00）观测的平均气温均存在误差，且4次观测的气温误差更大。均一性检验发现，局部环境改变会引起气温突变。经差值和均一化订正后，芜湖1880—1937年月平均气温数据的可用性明显提高。

（2）基于芜湖站1901—1937年、1953—2020年月观测气温和1901—2020年CRU格点气温，得到的两个拟合气温序列的均值比CRU格点气温序列或单一拟合气温序列更接近观测，故利用两个拟合气温的均值对1938—1951年数据进行插补。

（3）1880—2020年芜湖年、季节平均气温均呈现冷暖交替的年代际变化，其中20世纪80年代末由冷到暖的交替最为显著。近140年芜湖四季一致升温，春季升温最明显，夏季、冬季次之，秋季增温趋势不显著。2000年之前芜湖增温速率不断加快，但之后四季增温有所减缓，特别是夏、秋季甚至出现弱的降温趋势。

（4）近140年芜湖年和四季平均气温在不同时段存在20～30 a的周期振荡，且年及秋、冬季平均气温还存在40～50 a的周期变化。

参考文献

[1] 赵宗慈，罗勇，黄建斌.回顾IPCC30年（1988—2018年）[J].气候变化研究进展，2018，14（5）：540-546.

[2] 严中伟，丁一汇，翟盘茂，等.近百年中国气候变暖趋势之再评估[J].气象学报，2020，78（3）：370-378.

[3] 童宣，严中伟，李珍，等.近百年中国两次年代际气候变暖中的冷、暖平流背景[J].气象学报，2018，76（4）：554-565.

[4] 施能，陈家其，屠其璞.中国近100年来4个年代际的气候变化特征[J].气象学报，1995，53（4）：431-439.

[5] 唐国利，丁一汇，王绍武，等.中国近百年温度曲线的对比分析[J].气候变化研究进展，2009，5（2）：71-78.

[6] 徐文慧，李庆祥，杨溯，等.近百年全球地表月气温数据的概况与初步整合 [J]. 气候变化研究进展，2014，10（5）：358-364.

[7] CAO L J, ZHAO P, YAN Z W, et al. Instrumental temperature series in eastern and central China back to the nineteenth century[J]. Journal of Geophysical Research：Atmospheres，2013，118（15）：8197-8207.

[8] 丁一汇，王会军.近百年中国气候变化科学问题的新认识 [J].科学通报，2016，61（10）：1029-1041.

[9] 王绍武.近百年我国及全球气温变化趋势 [J].气象，1990，16（2）：11-15.

[10] 海英，高志强.中国百年气候变化及时空特征分析 [J].科技通报，2010，26（1）：58-62.

[11] 潘蔚娟，吴晓绚，何健，等.基于均一化资料的广州近百年气温变化特征研究 [J].气候变化研究进展，2021，17（4）：444-454.

[12] 张黎红，常慧琳，尹远渊，等.近百年大连市气温、降水变化特征 [J].冰川冻土，2015，37（6）：1490-1496.

[13] 梁萍，陈葆德.近 139 年中国东南部站点气温变化的多尺度特征 [J].高原气象，2015，34（5）：1323-1329.

[14] 李正泉，张青，马浩，等.浙江省年平均气温百年序列的构建 [J].气象与环境科学，2014，37（4）：17-24.

[15] 闫军辉，刘浩龙，葛全胜，等.1906—2015 年武汉市温度变化序列重建与初步分析 [J].地理科学进展，2017，36（9）：1176-1183.

[16] 申倩倩，束炯，王行恒.上海地区近 136 年气温和降水量变化的多尺度分析 [J].自然资源学报，2011，26（4）：644-654.

[17] 王丹，王爱慧.1901—2013 年 GPCC 和 CRU 降水资料在中国大陆的适用性评估 [J].气候与环境研究，2017，22（4）：446-462.

[18] 唐国利.仪器观测时期中国温度变化研究 [D].北京：中国科学院大气物理研究所，2006.

[19] 中国气象局.地面气象观测规范 [M].北京：气象出版社，2003.

[20] 汪凯，叶红，唐立娜，等.气温日较差研究进展：变化趋势及其影响因素 [J].气候变化研究进展，2010，6（6）：417-423.

[21] 刘小宁，孙安健.年降水量序列非均一性检验方法探讨 [J].气象，1995，21（8）：3-6.

[22] 吴利红，康丽莉，毛裕定，等. SNHT 方法用于气温序列非均一性检验的研究 [J]. 科技通报，2007，23（3）：337-341.

[23] 肖晶晶，李正泉，郭芬芬，等. 浙江省1901—2017 年降水序列构建及变化特征分析 [J]. 气候变化研究进展，2018，14（6）：553-561.

[24] 陈辉，施能，王永波. 长江中下游气候的长期变化及基本态特征 [J]. 气象科学，2001，21（1）：44-53.

[25] KNIGHT J, KENNEDY J J, FOLLAND C, et al. Do global temperature trends over the last decade falsify climate prediction? [J]. *Bulletin of the American Meteorological Society*，2009，90（8）：22-23.

[26] FYFE J C, GILLETT N P, ZWIERS F W. Overestimated global warming over the past 20 years[J]. *Nature Climate Change*，2013，3（9）：767-769.

皖江地区水稻病虫害长期定量预测
方法研究——以芜湖为例

司红君[1] 付 伟[2] 徐 阳[3] 祝玉青[2] 丁劲松[4]

（1. 无为市气象局，无为 238300；2. 芜湖市气象局，芜湖 241000；

3. 安徽省农村综合经济信息中心，合肥 230061；

4. 芜湖市农业综合行政执法支队，芜湖 241000）

摘要： 根据芜湖市 1986—2020 年水稻病虫害及水稻种植面积、逐月气象要素，国家气候中心逐月环流和海温指数数据，分析了各病虫害的变化特征和显著气象影响因子，并借助多元逐步回归方法，研究了一种基于环流和海温指数的皖江地区主要病虫害的长期定量预测方法。结果表明：芜湖市病害总体轻于虫害，病害中稻瘟病、纹枯病和稻曲病发生面积比显著增加，白叶枯显著减少；虫害中二化螟、稻纵卷叶螟和褐飞虱发生面积比显著增加，稻蝗显著减少。各病虫害均有显著相关的气象影响因子。在此基础上，借助多元逐步回归方法，利用环流、海温指数对气象要素的影响及其影响的滞后性，建立了基于这些指数的皖江地区病虫害的长期定量预测模型。模型建立前先遴选出与本地病虫害显著相关的环流、海温指数，然后将其依次放入多元逐步回归模型，最终建立了 8 种病虫害的预测模型。模型和公式中的自变量均通过了显著性检验，模型具有较好的拟合效果。预报效果验证结果表明，模型具有一定的预报能力，能够在年初定量预测本年度主要病虫害的发生面积比，为皖江地区农业气象服务的开展提供了技术支撑。

关键词： 水稻病虫害，变化特征，环流和海温指数，长期定量预测模型

本文已发表于《江西农业学报》2022 年第 4 期。

资助项目：国家重点研发计划（2018YFD0300905）；"科技助力经济 2020"重点专项气象行业项目（KJZLJJ202002）。

引言

我国是世界上最大的水稻生产国和稻米消费国，60%以上的人口以稻米为主食。水稻病虫害是影响其稳产高产的重要因素之一，每年都因此而造成了重大经济损失[1]。水稻病虫害的种类繁多，其中对安徽省影响严重的主要有稻瘟病、纹枯病、白叶枯、稻曲病、二化螟、三化螟、稻纵卷叶螟、稻蝗以及褐飞虱[2]。科学防治水稻病虫害，提前谋划防治措施是当前学者研究的中心问题，并已开展了多方面的研究，包括绿色防控技术的研究与应用[3]，药物对病虫害防治研究[4-5]，多尺度遥感技术对水稻病虫害的监测及预警研究等[6-7]。

气象因子也是水稻病虫害发生发展的重要影响因素，彭荣南等[8]研究认为，9—10月的降水量、降水日数、相对湿度、日照时数、气温等要素和化州市白叶枯病存在相关性。任义方等[9]指出，气象因子在稻曲病的侵染循环和发生发展过程中起着至关重要的作用，稻曲病发生强度、范围和持续时间与气象要素存在较为显著的关系。包云轩等[10]研究表明，稻纵卷叶螟这类典型的迁飞性害虫，水平和垂直气流对其迁飞有明显的影响，稻纵卷叶螟种群多降落在相对湿度大的区域。通过对气象要素的中长期预测，可以对病虫害的未来变化趋势作出预测，从而指导农技工作者提前科学应对。对此学者们进行了深入研究，刘文菁等[11]根据中长期天气预报原理，采用空间拓扑和最优相关普查方法，基于大气环流和海温因子建立了综合稻曲病指数长期预报模型，可提前1个月预报综合稻曲病指数及其等级。彭荣南等[8]采用逐步回归统计方法建立了晚稻白叶枯发病程度气象等级预测模型，岳伟等[12]计算了安徽省稻曲病发生综合气象条件指数，通过最优曲线回归分析，建立稻曲病预报模型。这些研究中预测结果通常为病虫害等级或者指数，对病虫害发生具体数量的长期预测不多见，同时这些研究多为对稻曲病等典型的"气象型"病虫害的预测研究，而关于其他常见病虫害相关研究较少。

皖江地区地处长江中下游平原，长江流域安徽段两岸，气候湿润、水热丰富，土地肥沃，河网密集，是安徽省最主要的水稻产区。目前针对该区域的水稻病虫害预测研究较少。皖南地区社会和技术水平发展过程差异不大，气候特征相似，且大面积的农业气象灾害发生往往与大的天气过程有关，所以气象因子造成的病虫害发生面积波动趋势应该基本相同[13]，因此本研究以皖江地区核心城市芜湖为例，通过分析各主要病虫害发生发展的气象影响因子，并基于环流和海温指数，使用多元逐步回归方法建立各水稻病虫害长期预测模型，为皖江地区农业气象服务开展提供技术支撑，也为植保部门提前做好水稻病虫害防治工作提供科学依据。

1 资料与方法

1.1 资料来源

本文收集了 1986—2020 年水稻病虫害发生及水稻种植面积数据，其中水稻病虫害数据来自芜湖市植保站，包括稻瘟病、纹枯病、白叶枯和稻曲病 4 种病害和二化螟、三化螟、稻纵卷叶螟、稻蝗和褐飞虱 5 种虫害，单位为万亩次。水稻种植面积数据来自芜湖市植保站和安徽省统计年鉴，单位为万亩。由于近 30 年间芜湖市行政区划多次调整，其中 2011 年无为市划入，芜湖市土地面积和水稻种植面积均大幅增加，因此本文使用病虫害发生面积比进行研究，以保证年际数据的可比性，定义病虫害发生面积比（%）= 病虫害发生面积 / 水稻种植面积，由于病虫害发生面积使用的单位是万亩次，即同一面积耕地发生的多次病虫害会被成倍计入，因此发生面积比会存在超过 100% 的情况。

本文使用的气象要素资料来自芜湖市气象局，包括芜湖市、无为市、湾沚区、繁昌区和南陵县 5 个国家观测站的 1986—2020 年逐月平均气温、≥ 35 ℃高温日数、平均气温日较差、平均湿度、降水量、雨日数、平均风速和日照时数等，芜湖市气象数据为 5 个观测站的算术平均。

大气环流和海温指数资料来自国家气候中心网站，包括 1986—2020 年逐月 88 项环流指数和 26 项海温指数，具体指数名称和含义见网站说明。

1.2 方法

1.2.1 病虫害变化特征和气象影响因子分析

使用线性趋势分析对水稻病虫害多年变化特征进行分析，并将 1990—2020 年芜湖市各病虫害时间序列与同时段芜湖市各月气象要素时间序列分别进行相关分析，遴选出各病虫害的显著气象影响因子。

1.2.2 病虫害预测模型构建和检验

在上述分析的基础上,对有显著气象影响因子的水稻病虫害建立长期定量预测模型。环流指数和海温数值对气象要素有明显的影响,且这种影响有一定的滞后性,常作为气象要素长期预测的重要因子[14],这使得大气环流、海温等大尺度因子对病虫害的发生发展具有明显的前兆性指示[15],同时这些大尺度气候指数较气温、降水等直接气象要素更加稳定[11],因此本文使用环流指数和海温指数作为因子建立水稻病虫害的预测模型,根据长期预测业务需要,使用前1年的环流、海温指数预测当年的病虫害。具体思路:将1986—2019年芜湖市各病虫害时间序列与1985—2018年的逐月各环流、海温指数时间序列进行相关分析,将显著相关的指数作为自变量,病虫害数据作为因变量带入模型,借助多元逐步回归方法,建立各病虫害的长期预测模型,此时模型利用了病虫害对环流、海温指数响应的滞后性,可以使用前1年的指数预测当年的病虫害,并且模型的结果是定量的,即病虫害的发生面积比。模型构建过程中对各模型的显著性、拟合优度等进行检验。为了验证模型的预测效果,构建模型时没有使用2020年的实况病虫害数据,而是将2019年的逐月环流、海温指数代入模型,计算出2020年各病虫害发生面积比预测值,并与实况值进行对比,验证模型的预测效果。

❷ 结果与分析

2.1 水稻病虫害的变化特征

1986—2020年,芜湖市水稻病害总体上轻于虫害(图1、2),病害中纹枯病发生面积比最高,且总体呈显著上升趋势,年均增加0.4117%(R^2=0.1912),稻瘟病和稻曲病也呈显著增加趋势,分别年均增加0.5554%(R^2=0.2925)和0.8648%(R^2=0.5261)。白叶枯则呈显著减少趋势,年均减少0.5780%(R^2=0.1912)。由于白叶枯发病的主要原因是种子带菌[16],因此,芜湖市农业部门通过加强种子播前处理,使得近10年来该病发病情况明显减少,尤其是2012年后,发生面积比不足1%。

近年来,芜湖市改双季稻为稻麦轮种,秋冬季播种恶化了三化螟的越冬环境[17],已经基本不发生该虫害。因此,本文不再对三化螟进行分析。虫害中稻蝗发生面积比最小,且呈显著下降趋势，年均减少 0.4794%（R^2=0.3820），2020 年发生面积比不足 2%。二化螟、稻纵卷叶螟和褐飞虱发生面积比均呈显著上升趋势，分别年均增加 1.1273%（R^2=0.2475）、1.5156%（R^2=0.2587）和 2.2147%（R^2=0.3464），但 2011 年之后均出现明显下降的趋势。

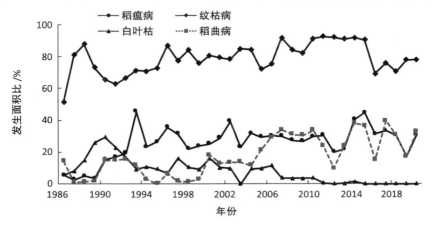

图 1　1986—2020 年芜湖市稻瘟病、纹枯病、白叶枯和稻曲病变化特征

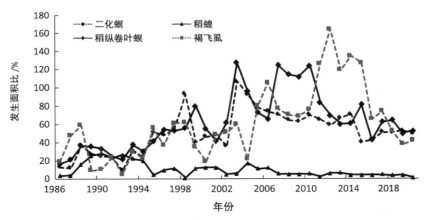

图 2　1986—2020 年芜湖市二化螟、稻纵卷叶螟、稻蝗和褐飞虱变化特征

2.2　气象影响因子分析

将 1986—2020 年水稻病虫害时间序列与同时段月气象要素时间序列进行相关分析，结果显示，各病虫害均有多个显著相关的气象因子（表 1），相关性均通过了 α =0.05 显著性检验，这些气象要素主要包括病虫害发生发展和越冬时期的气温、降水、日照和相对湿度等水热条件。如稻瘟病与 3 月的平均气温成正比，雨日数成反比，说明 3 月多晴

天少雨，气温高有利于稻瘟病发展；又如稻蝗与9月的相对湿度和雨日数成正比，平均气温成反比，说明9月多阴雨寡照，气温偏低对于稻蝗发生发展是有利的条件。另外，二化螟和稻纵卷叶螟还与多个月份的平均风速存在显著的正相关性，表明风对于部分虫害的发生发展具有促进作用。

稻纵卷叶螟和稻飞虱属于迁飞性害虫，虽然一般认为这类害虫气象影响因子主要是大尺度的环流和区域、异地气象要素[18-19]，但本文相关分析显示其与芜湖本地的气温、降水和日照等有显著的相关性，有研究表明，本地气象要素也会对此类害虫的迁飞行为产生明显的影响，如降落地的选择[10]、二次迁飞[15]等。因此，芜湖市各水稻病虫害均有显著的气象影响因子，可以进一步建立病虫害的长期预测模型。

表1　各病虫害显著相关气象因子分析结果

病虫害名称	正相关气象要素	负相关气象要素
稻瘟病	T_2（0.3625）、T_3（0.4510）、RH_{11}（0.3711）	RD_3（-0.4551）、S_8（-0.3355）、S_{11}（-0.3742）
纹枯病	T_{10}（0.3819）、ΔT_4（0.3545）、S_4（0.3406）	RH_1（-0.3530）、RH_4（-0.4298）
白叶枯	RH_1（0.3815）、RH_3（0.3659）、RH_8（0.3762）、RD_3（0.4619）、RD_4（0.3335）、RD_5（0.3428）、S_6（0.4144）	T_3（-0.3362）、T_5（-0.3413）、T_9（-0.3765）、HTD_8（-0.3555）、ΔT_3（-0.3856）、ΔT_4（-0.3527）、R_{10}（-0.3523）
稻曲病	T_3（0.5135）、T_5（0.3760）、ΔT_3（0.4700）、ΔT_4（0.3440）、R_9（0.3830）、S_3（0.3680）、S_4（0.3828）	ΔT_9（-0.4982）、RD_3（-0.5237）、RD_4（-0.4353）、RD_5（-0.4195）、S_9（-0.5569）
二化螟	T_4（0.3564）、T_9（0.3934）、T_{10}（0.3832）、T_{11}（0.3414）、HTD_8（0.3524）、ΔT_3（0.4581）、F_2（0.3491）、F_4（0.3847）、F_5（0.3493）、F_7（0.3586）、F_8（0.3266）、F_9（0.3329）、S_3（0.3766）	RH_3（-0.3710）、RH_6（-0.3606）、RD_3（-0.4846）
稻纵卷叶螟	T_9（0.4492）、F_2（0.3672）、F_3（0.4167）、F_4（0.4285）、F_5（0.3925）、F_6（0.4360）、F_8（0.3369）	RH_1（-0.3290）、RH_6（-0.3328）、RD_3（-4278）、S_9（-0.3401）
稻蝗	ΔT_7（0.3822）、RH_1（0.3972）、RH_8（0.3945）、RH_9（0.4076）、RD_3（0.3285）、RD_5（0.3950）、RD_9（0.4099）、S_6（0.3694）、S_7（0.3323）	T_3（-0.3997）、T_5（-0.3436）、T_9（-0.3804）、HTD_8（-0.3477）、ΔT_3（-0.3666）、R_{10}（-0.3642）

| 褐飞虱 | T_{10}（0.3291）、ΔT_3（0.3913）、ΔT_4（0.3477） | T_{12}（-0.4550）、RH_1（-0.4783）、RD_1（-0.4034）、RD_3（-0.4698）、RD_4（-0.3826） |

注：T：月平均气温，HTD：月高温日数，ΔT：月平均气温日较差，RH：月平均相对湿度，R：月降雨量，RD：月雨日数，F：月平均风速，S：月日照时数；下标数字表示该气象要素的月份；（）内为该气象要素与病虫害数据的相关系数。

2.3 病虫害长期预测方法

2.3.1 预测模型的构建

将 1986—2019 年各水稻病虫害时间序列与 1985—2018 年各月环流、海温指数的时间序列进行相关分析，遴选出显著相关的指数，相关性需通过 α=0.05 显著性检验。以病虫害时间序列作为因变量，各显著相关指数时间序列作为自变量，依次放入多元逐步回归模型，放入的前提是其偏回归平方和经检验是显著的，每放入一个新变量后，对已入选回归模型的老变量逐个进行检验，经检验不显著的变量将被删除，从而保证每一个自变量都是显著的，直到不能再引入新变量为止，这时回归模型中所有变量对因变量都是显著的[20]。各病虫害依次构建预测模型，用于建立模型放入的环流、海温指数数量（与病虫害显著相关的指数数量）和最优模型最终保留的作为自变量的指数数量（表 2）。

表 2　预测模型的部分指标

病虫害名称	建立模型放入的环流、海温指数数量	最优模型保留的环流、海温指数数量	预测模型的拟合优度	预测模型的显著性
稻瘟病	122	24	1.000	< 0.001
纹枯病	133	7	0.843	< 0.001
白叶枯	346	21	1.000	< 0.001
稻曲病	364	22	1.000	< 0.001
二化螟	163	22	1.000	< 0.001
稻纵卷叶螟	200	18	1.000	< 0.001
稻蝗	229	5	0.792	< 0.001
褐飞虱	233	21	1.000	< 0.001

2.3.2 预测模型结果

借助多元逐步回归方法，在删除了多个不显著的指数后，各病虫害分别构建出了多个预测模型。选取其中最优的预测模型，最优模型保留了尽可能多的指数作为自变量，各检验指标也最优。各最优模型拟合优度和显著性分析结果如表 2 所示。模型中，拟合优度为被解释向量（病虫害）和解释向量（环流、海温指数）调整判定系数 R^2。在多个解释变量的时候，需要参考该系数，越接近 1，说明回归方程对样本数据的拟合优度越高，被解释向量可以被模型解释的部分越多。8 个模型中除了纹枯病和稻蝗，其余预测模型的拟合优度均达到 1.000，表明自变量可以解释因变量 100% 的变化，模拟效果非常好。纹枯病和稻蝗的拟合优度也在 0.8 左右，也具有很好的模拟效果。各模型方差分析的显著性均小于 0.001，通过了 α =0.05 的显著性检验，说明模型中变量总体对因变量有显著影响，可以有效地预测因变量，模型的预测方程是有效的[21]。

各病虫害的最优预测模型公式见表 3，各模型自变量和常数项 T 检验的显著性均小于 0.05，说明所有自变量对因变量均具有显著影响。

表 3　各病虫害的最优预测模型

病虫害名称	公式
稻瘟病	$AR=-11.287+16.176Atm78_9+4.091Atm6_9+0.186Atm57_5-1.628Atm32_{12}+23.498Oce5_9-0.593Oce16_{11}$ $-10.328Oce26_8+0.359Atm57_8-7.378Oce5_8-0.433Atm68_9-0.147Atm17_9+0.043Atm21_8+17.261Atm74_8$ $+0.026Atm45_1+0.001Atm55_9-0.005Atm52_5-2.072Atm8_8-0.889Atm60_3+0.489Atm28_7+0.125Atm11_8$ $-0.068Atm85_6+0.921Atm72_5+-0.155Oce16_3+0.713Oce7_8$
纹枯病	$AR=190.542-0.037Atm56_{10}-0.014Atm51_{10}-13.488Atm72_1-1.749Atm32_5-0.493Atm68_8-0.008Atm54_8$ $+1.281Atm83_6$
白叶枯	$AR=87.287-1.182Oce16_{12}+2.307Atm24_9-1.217Atm44_8-0.812Atm27_8+3.734Oce19_9-7.476Oce8_{10}$ $+2.201Oce15_8+4.636Oce26_8-1.038Atm44_6+0.009Atm16_9+1.139Atm8_{11}-0.029Atm65_8+10.455Oce8_{12}$ $-7.466Oce24_{11}+0.361Atm32_9+4.338Oce17_7-3.443Atm72_{10}-2.229Atm75_1-2.492Atm71_1+1.455Atm73_{10}$ $+0.003Atm19_7-0.128Atm85_5$
稻曲病	$AR=120.414+22.066Oce17_{11}+1.816Atm28_9-0.349Atm63_2-0.008Atm52_5-3.278Atm8_5-9.920Atm75_{11}$ $+1.060Atm29_1+0.028Atm21_9+0.003Atm54_{10}-13.117Oce10_{12}-4.263Atm70_3-1.389Atm50_{12}+8.285Oce10_{11}$ $+0.023Atm45_1+1.448Atm49_{12}-1.282Atm47_5-0.010Atm65_2+0.027Atm18_1-2.023Oce12_3+0.506Atm48_9$ $-0.228Atm8_{10}+0.138Atm5_7$
二化螟	$AR=134.001-39.895Atm70_{10}-0.027Atm51_{10}+6.131Atm24_2+27.173Oce10_3-2.368Atm6_8+0.019Atm51_5$ $-3.360Atm49_4-0.615Atm45_{11}-0.032Atm13_7+1.248Atm83_{12}-2.775Oce13_{11}+1.715Oce15_8-2.013Atm85_{12}$ $+1.594Atm24_{10}+0.473Atm5_{11}+1.708Oce15_1+1.286Atm23_{11}+8.833Oce17_{12}+0.005Atm54_8-0.010Atm45_2$ $+0.047Atm67_{10}-0.866Atm24_8$

稻纵卷叶螟	$AR=-586.156-25.752Atm70_{10}+7.807Atm25_4+0.837Atm19_2-0.017Atm52_3-5.235Atm31_6+0.163Atm58_2$ $-0.040Atm53_8-0.418Atm3_7+3.217Atm85_5+0.004Atm55_{12}-0.014Atm53_6-16.920Oce17_9-0.003Atm55_3$ $+1.531Oce12_{10}+0.008Atm53_7-0.470Atm3_9+0.036Atm17_9+0.719Atm7_{10}$
稻蝗	$AR=-98.935+3.094Atm25_9+0.006Atm53_1+1.949Atm60_6+-0.056Atm21_{11}-1.033Atm6_{17}$
褐飞虱	$AR=-301.657-48.960Oce74_4+0.341Atm65_3-0.017Atm53_6+52.234Atm73_9-0.009Atm55_1-4.849Atm85_5$ $-0.025Atm51_5-4.985Atm27_4+5.214Atm85_7+12.309Atm75_2-2.994Oce16_1-8.022Atm77_{10}+4.341Oce13_{11}$ $-0.750Atm2_9+1.126Atm34_4-10.822Oce10_8-0.576Oce14_8+2.945Oce15_2-0.030Atm58_5+0.002Atm53_{10}$ $+0.674Atm33_1$

注: AR 代表面积比, 自变量中 Atm 代表大气环流指数, Oce 代表海温指数, 其后数字代表指数的编号, 下标数字表示指数的月份。
如 $Atm57_5$ 代表环流指数第 57 项, 5 月北半球极涡中心纬向位置指数。

2.3.3 预测模型效果验证

将 2019 年各月环流和海温指数代入 8 个模型, 计算出 2020 年各病虫害的发生面积比的预测值。将预测值与实况值进行对比, 验证模型的预报效果, 结果见表 4。各模型预测的病虫害发生面积比绝对误差均在 15% 以内, 病害的预测结果要优于虫害, 纹枯病的预测效果最好。预测结果除了稻曲病预测结果偏少外, 其余均偏多。白叶枯和稻蝗由于实况值很小, 因此相对误差非常大, 但变化趋势基本正确。总体来说, 使用环流和海温指数作为自变量, 使用多元逐步回归模型长期定量预测病虫害发生的方法效果较好, 具有一定的预报能力。

表 4 2020 年各病虫害发生面积比的预测误差

病虫害名称	实况值 /%	预测值 /%	绝对误差 /%
稻瘟病	30.72	40.02	9.30
纹枯病	78.08	85.01	6.93
白叶枯	0.01	1.34	1.33
稻曲病	32.60	27.85	− 4.75
二化螟	49.24	63.93	14.69
稻纵卷叶螟	52.94	64.26	11.32
稻蝗	1.32	13.88	12.57
褐飞虱	41.73	53.91	12.18

③ 结论和讨论

本文以芜湖为例，分析了芜湖市主要病虫害的变化特征和显著气象影响因子，并借助多元逐步回归方法，研究了一种基于环流和海温指数的皖江地区主要病虫害的长期定量预测方法，结果如下：

（1）芜湖市虫害总体重于病害。病害中纹枯病发生面积比最高，其与稻瘟病和稻曲病均呈显著增加的趋势，白叶枯则呈显著减少的趋势，近年来发生面积比不足 1%。虫害中稻蝗发生面积比最少，且呈显著下降趋势，二化螟、稻纵卷叶螟和褐飞虱则呈显著增多的趋势。相关分析显示各病虫害均存在显著相关的气象影响因子，可进一步建立基于气象因子的长期预测模型。

（2）病虫害预测模型的自变量选自可对本地气象要素和病虫害有先兆性指示的前 1 年各环流和海温指数。首先遴选与本地病虫害显著相关的指数，然后将其依次放入多元逐步回归模型，最终建立了 8 种病虫害的预测模型。模型及其公式中的自变量均通过了显著性检验，模型具有较好的拟合效果，对 2020 年各病虫害发生面积比的预报效果验证也显示各模型预测效果较好，具有一定的预报能力。

（3）检验结果显示，本文所建立的模型，在年初就可以利用前 1 年的环流、海温指数预测芜湖市当年各主要病虫害的发生面积比，可为本地农业农村部门提前做好病虫害防治工作提供参考。皖江地区各市虽然病虫害具体情况不同，但气候、地理等条件接近，可借鉴此方法建立本地的病虫害长期定量预测模型，为本地农业气象服务开展提供技术支撑。但本方法为统计方法，并未考虑各相关环流、海温指数与病虫害之间的物理学意义，且病虫害的发生发展受多种因素的影响，人为技术因素是其中重要的影响因素[22]，而模型仅考虑了气象因子对病虫害的影响，因此，这些模型必然存在一定的误差。为避免其他因素对模型预测效果的影响，应该定期更新病虫害和环流、海温指数数据，使用本方法对模型重新构建，以保证模型的预测效果。而且对于发生面积比很小的病虫害，预测结果的相对误差较大，主要参考其变化趋势。

另外，本文对各病虫害的气象影响因子，显著相关环流、海温指数的分析还比较笼统，后期可以针对单个病虫害做进一步的详细分析，深入研究气象因子影响的机制和其中的物理学意义。

参考文献

[1] 赵梦，欧阳芳，张永生，等. 2000—2010 年我国水稻病虫害发生与为害特征分析 [J]. 生物灾害科学，2014，37（4）：275-280.

[2] 王坤. 安徽省水稻主要病虫害预测及管理系统的研究 [D]. 合肥：安徽农业大学，2008.

[3] 张俊喜，成晓松，霍金兰，等. 2016 年盐城市水稻病虫害发生特点和绿色防控技术应用 [J]. 农学学报，2017，7（8）：15-19.

[4] 李威，范刚强. 不同药剂组合防治水稻田间主要病虫害试验研究 [J]. 生物灾害科学，2020，43（4）：351-355.

[5] Yu Y Y，Jiang C H，Wang C，et al. An improved strategy for stable biocontrol agents selecting to control rice sheath blight caused by *Rhizoctonia solani*[J].Microbiological Research, 2017, 203：1-9.

[6] 孙盈蕊. 基于多尺度遥感技术的水稻病虫害监测研究 [D]. 北京：中国地质大学（北京），2019.

[7] Liu Z Y，Shi J J，Zhang L W，et al. Discrimination of rice panicles by hyperspectral reflectance data based on principal component analysis and support vector classification[J]. Journal of Zhejiang University-Science B, 2010, 11（1）：71-78.

[8] 彭荣南，陈冰，陈观浩，等. 水稻白叶枯病发生流行与气象条件关系及预测模型研究 [J]. 农学学报，2020，10（2）：29-33.

[9] 任义方，朱凤，高苹，等. 稻曲病气象适宜度等级精细化预报技术 [J]. 植物保护，2018，44（5）：217-223.

[10] 包云轩，曹云，谢晓金，等. 中国稻纵卷叶螟发生特点及北迁的大气背景 [J]. 生态学报，2015，35（11）：3519-3533.

[11] 刘文菁，徐敏，徐经纬，等. 基于环流和海温的稻曲病指数长期预报模型研究 [J]. 气象科学，2018，38（5）：659-665.

[12] 岳伟，伍琼，陈曦，等. 安徽省稻曲病气象等级预报方法研究：以池州为例 [J]. 植物保护，2020，46（6）：90-95.

[13] 房世波. 分离趋势产量和气候产量的方法探讨 [J]. 自然灾害学报，2011，20（6）：13-18.

[14] 陈丽娟, 顾薇, 龚振淞, 等. 影响 2018 年汛期气候的先兆信号及预测效果评估 [J]. 气象, 2019, 45（4）: 553-564.

[15] 叶彩玲, 霍治国, 丁胜利, 等. 农作物病虫害气象环境成因研究进展 [J]. 自然灾害学报, 2005, 14（1）: 90-97.

[16] 张立新, 檀根甲, 王文相, 等. 安徽水稻白叶枯病菌生理小种监测及其对水稻主栽品种的致病性测定 [J]. 植物保护学报, 2010, 37（6）: 567-568.

[17] 李慈厚, 李红阳, 李洪山, 等. 里下河稻区三化螟猖獗规律及其监控技术研究 [J]. 江苏农业科学, 2001（1）: 33-36.

[18] 包云轩, 王明飞, 陈粲, 等. 东亚夏季风进退对我国南方水稻主产区稻纵卷叶螟发生的影响 [J]. 生态学报, 2019, 39（24）: 9351-9364.

[19] Liu Y, Bao Y X, Sun S S, et al. Influence of the Asian summer monsoon on the migration phenology and population dynamics of *Nilaparvata lugens*（STÅL）in China[J]. Journal of Tropical Meteorology, 2018, 24（1）: 71-81.

[20] 耿修林, 张琳. 计量经济学: 原理、方法、应用及 EXCEL、MINITA[M]. 北京: 科学出版社, 2004.

[21] 付伟, 司红君, 何冬燕, 等. 基于气候系统指数的月尺度霾日定量预测方法研究: 以芜湖市为例 [J]. 大气科学学报, 2021, 44（2）: 270-278.

[22] 张玲. 水稻重要病虫害综合防治技术与应用研究 [D]. 长沙: 湖南农业大学, 2018.

A New Method for Correcting Urbanization-Induced Bias in Surface Air Temperature Observations: Insights from Comparative Site-Relocation Data

Tao Shi[1,2], Yong Huang[3], Dabing Sun[1], Gaopeng Lu[2] and Yuanjian Yang[4]

(1.Wuhu Meteorological Bureau, Wuhu, China, 2.School of Earth and Space Sciences, University of Science and Technology of China, Hefei, China, 3.Key Laboratory of Atmospheric Sciences and Satellite Remote Sensing of Anhui Province, Anhui Institute of Meteorological Sciences, Hefei, China, 4.Collaborative Innovation Centre on Forecast and Evaluation of Meteorological Disasters, School of Atmospheric Physics, Nanjing University of Information Science and Technology, Nanjing, China)

Abstract: The effect of urbanization on surface air temperature (SAT) is one of the most important systematic biases in SAT series of urban stations. Correcting this so-called urbanization bias has the potential to provide accurate basic data for long-term climate change monitoring and research. In the western region of the Yangtze River Delta, 42 meteorological stations with site-relocation history from 2009 to 2018 were selected to analyze the statistical characteristics of the differences in comparative site-relocation daily average SAT. The annual average differences in comparative site-relocation SAT series between the old and the new stations (SAT_{DON}) were used to characterize the impact of urbanization bias on the air temperature observation series. Using remote sensing technology,

The article has been published on *Frontiers in Environmental Science*. volume 9, April 2021.

This study was supported by the National Key R and D Program of China (Fund No: 2018YFC1506502), NSFC-DFG (42061134009) and the Beijing Natural Science Foundation (8202022 and 8171002). The data that support the findings of this study are openly available. The Meteorological Information Center of the China Meteorological Administration provided the meteorological data (http://data.cma.cn/site/index.html); and the remote sensing data used in this study were Landsat data from the United States' EOS (Earth Observation System) refined by Department of Earth System Science/Institute for Global Change Studies Tsinghua University (http://data.ess.tsinghua. edu.cn/).

spatial datasets of land-use, landscape, and geometric parameters of the underlying surface in the 5-km buffer zone around the station were established as the observed environmental factors of the site, and the differences in these observed environmental factors (DOEFs) between the old and the new stations were calculated to indicate the change induced by urbanization. Next, multiple linear regression models of SAT_{DON} and DOEFs were constructed, showing that the error range of the model for simulated SAT_{DON} was 3.66–18.21%, and the average error was 10.09%. Finally, this new correction method (NCM) and conventional correction method (CCM) were applied to the correction of the urbanization bias of SAT series at Hefei station. After comparison, it is found that the NCM could reveal clear contributions of the rapid and slow stages of the urbanization process and resultant environmental changes around the stations to the observed SAT. In summary, the NCM based on remote sensing technology can more reasonably and effectively correct the urbanization bias caused by local human activities, as well as reduce the error caused by the selection of reference stations via the conventional correction method.

Key Words: Surface Air Temperature Series, Urbanization Bias, Remote Sensing Technology, Relocation, Correction Method

1 INTRODUCTION

Urbanization directly affects the types of land use/cover and anthropogenic heat emissions around meteorological stations, leading to major changes in the observation environment[1-4], which in turn has an important impact on the accuracy, representativeness, and homogeneity of meteorological observation data[5, 6]. The contribution of the so-called urbanization bias (the effect of urbanization on surface air temperature (SAT), the list of abbreviations used in this article and their expanded names can be found in Appendix A) to meteorological observation data usually stems from changes in the observation environment against the background of urbanized areas[7]. The urbanization bias is the largest systematic bias in SAT observation records in China and correcting this bias has the potential to provide accurate basic data for large-scale climate change monitoring and research[8].

Urbanization bias has received a great deal of attention in the literature[9-13]. Zhang used the method of subtracting the warming trend of rural stations from the warming trend of urban stations to correct the regional average SAT series of urban stations and obtained the regional average SAT series after removing the urbanization bias[11]. Fujibe divided the meteorological stations in Japan into six categories in terms of the population density within a certain radius around the city station and corrected the urbanization bias in the third–sixth-category sites using the first and second types of stations as reference stations[10]. Hansen et al. corrected the urbanization bias of one typical station by utilizing the two-stage linear trend based on the assumption that the SAT increased linearly in two periods[9]. Zhou et al. pointed occurrence probability of the heatwave events in summer over the Yangtze River Delta is closely related to the contribution of urbanization effect. These imply that the correction method of urbanization bias is very crucial to explore accurately the regional climate change[14].

However, the conventional correction method (CCM) of urbanization bias still has some shortcomings as follows: 1) many studies have utilized the population density or city size as the criteria for classifying meteorological stations. For example, Bai and Ren chose meteorological stations with a population of more than 100,000 as urban stations[15], but Liu divided the stations with a population of more than 40,000 and the stations that were not described as "rural" into urban stations[16]. However, there have also been some studies that have utilized satellite remote sensing data to select reference stations, such as Zhang , who visually selected the stations outside the closed contour as reference stations in the temperature field retrieved from remote sensing data[12]. Thus, it can be seen that there is no unified standard for the selection of reference stations, and it is difficult to find a pure reference station near the urban station as reference stations are inevitably affected by urbanization, so the urbanization bias in the SAT series is the minimum estimate[12]. 2) Previous studies corrected the SAT series based on the assumption that the urbanization bias presents a linear increase trend [9, 11]. However, in reality, the urbanization processes at different times and in different regions are variable, so it is impossible to subdivide the specific degree of contribution of the urbanization bias to the SAT series on temporal and spatial scales. In addition, there are considerable differences in the mechanisms and magnitudes of the impact of urbanization on different temperature elements[17], despite the possibly limited contribution to regional warming[18], while its impact on extreme temperatures are huge[14, 17, 19].

In order to improve the representativeness of the observation environment of meteorological stations, many stations with severely damaged observation environments have been relocated. Taking 2015 as an example, 92 meteorological observation stations across the country were relocated in this year alone[20, 21]. According to the requirements of "the criterion of surface meteorological observation," "protection methods for meteorological exploration environment and facilities," and other documents formulated and issued by China Meteorological Administration, site selection has a series of strict restrictions on factors such as altitude, distance, and obstacles. The area around the relocated station should be dominated by open vegetation, and the representativeness of the meteorological observation environment must have been greatly improved. Meteorological observation series can represent the climate background of the region[22, 23], so relocated stations can be used as relatively pure reference stations. In addition, "the criterion of surface meteorological observation" stipulates that the relocation of meteorological stations must involve the carrying out of at least one year of comparative observations between the new site and the old site, and the difference in comparative site-relocation annual average SAT between the old and the new stations (SAT_{DON}) provides high-quality data for us to study the impact of urbanization bias on the SAT series. Therefore, SAT_{DON} can reduce the error caused by the selection of reference stations via the traditional urban–rural comparison method.

The meteorological observation environment refers to the environmental space constituted by the minimum distance necessary to avoid various interferences and ensures that the facilities of the meteorological observation station accurately obtain the meteorological observation information. With the rapid development of remote sensing technology, the use of satellite data to study changes in the meteorological environment has become an emerging method[22, 24, 25]. Yang et al. evaluated the observation environment by using land use/cover and normalized difference vegetation index (NDVI) in the buffer zone around the meteorological station[22]. Li et al. quantitatively studied the relationship between land use/cover change (LUCC) and the thermal environment in the buffer zone and subdivided the stations into three types by the contribution index of the thermal environment[24]. The above researches show that it is feasible to utilize satellite data to investigate and study the observation environment, and it has the advantages of visualization and remodeling. However, existing remote sensing research on the observation environment only uses indicators such as LUCC and NDVI and does not fully consider the impact of the spatial pattern and configuration of different land-use types on the observation environment. Consequently, this study uses remote sensing technology to establish land-use parameters, landscape parameters, geometric parameters, and other spatial datasets around meteorological stations to characterize the differences in observation environment factors (DOEFs) between the old and the new stations and analyzes and discusses the physical mechanisms by which urbanization bias influences the SAT series.

The Yangtze River Delta (YRD) urban agglomeration is one of the most highly urbanized areas in China for the past 30 years[26]. However, the development of Anhui in the western region of the YRD has been relatively slow, having not developed rapidly until the past 10 years. Therefore, the observation environments of national meteorological stations in Anhui Province have been seriously damaged in the past 10 years, and a large number of stations have been forced to relocate on a frequent basis[20, 21], and this provides us with an opportunity to study the process of urbanization and station relocation. In summary, taking Anhui Province as the research area, meteorological stations with site-relocation history were selected in this study, and the SAT_{DON} results between the old and the new stations were used to characterize the impact of urbanization bias on the SAT series. Landscape parameters, geometric parameters, and other spatial datasets in the 5 km buffer zone around the stations were established to characterize the DOEFs between the old and the new stations, and statistical models of the SAT_{DON} and DOEFs were constructed. This paper corrected the urbanization bias of the SAT series at a typical station by the new method and the conventional method, respectively, and the advantages of the new method were discussed finally.

2 DATA AND METHODS

2.1 Data

1) Ground observation data. The SAT data mainly include national reference climatological stations, which observe 8 times a day (once every 3 h); national basic meteorological station, which observes four times a day [02:00, 08:00, 14:00, and 20:00 BT (Beijing time)]; national general meteorological stations, which observe three times a day (08:00, 14:00, and 20:00 BT) and obtain the daily- averaged SAT by calculating the arithmetic mean of the temperature values observed for each time per day.

2) Satellite remote sensing data. The remote sensing data used in this study were Landsat data from the United States' EOS (Earth Observation System) for the detection of earth resources and the environment. Specifically, this study uses the remote sensing images of the Landsat-7/ETM+[27] and Landsat-8/ OLI[28] sensors to study the changes in the observation environment of the stations relocated before 2013 and after 2013, respectively. A comparison of the band information of the above two remote sensing images is given in Table 1.

Table 1　Comparison of band information between the Landsat-7/ETM+ and Landsat-8 /OLI sensors.

Band No.	Landsat-7/ETM + sensor		LANDSAT-8/OLI sensor	
	Wavelength (μm)	Spatial resolution (m)	Wavelength (μm)	Spatial resolution (m)
1	0.450–0.515	30	0.433–0.453	30
2	0.525–0.605	30	0.450–0.515	30
3	0.630–0.690	30	0.525–0.600	30
4	0.750–0.900	30	0.630–0.680	30
5	1.550–1.750	30	0.845–0.885	30
6	10.40–12.50	60	1.560–1.660	30
7	2.090–2.350	30	2.100–2.300	30
8	0.520–0.900	15	0.500–0.680	15
9			1.360–1.390	30
10			10.600–11.190	100
11			11.500–12.510	100

2.2 Methods

2.2.1 Selecting Samples for Relocated Stations

For this study, we selected meteorological stations with site- relocation history as the research samples from 2009 to 2018, according to the historical evolution data and comparative observation data of the relocated stations, surveys and evaluation reports of the observation environment of the national ground meteorological stations, and high-resolution satellite remote sensing images. The selection criteria were as follows: 1) the main reason for the relocation was that the observation environment of the station had been seriously damaged; 2) in order to minimize the influence of the difference of regional and local climate background, the difference in altitude between the sites (before and after relocation) was less than 50 m, and a horizontal distance between the sites of 20 km was selected according to previous studies[8, 29]; 3) there was no significant difference

in topography; and 4) the type of observation instrument, the frequency of daily observations, and daily mean methods of temperature series did not change before and after station relocation. Based on the above criteria, 42 samples of relocated stations were selected, as shown in Figure 1. The relocated station samples include 25 urban stations and 17 reference stations, according to the meteorological station classification method of Ren et al.[30], and the samples were evenly distributed throughout northern Anhui, the Yangtze–Huaihe region, Yangtze River area, southern Anhui, and other regions. Therefore, the samples in this study can represent the impact of the urbanization development level of different regions in Anhui Province on different types of stations.

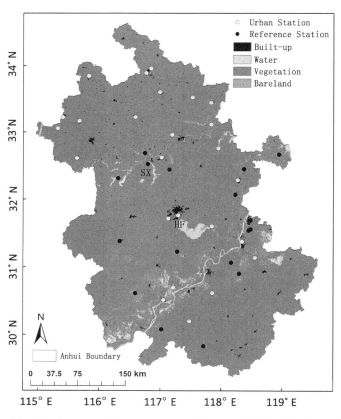

Fig. 1 Land use/cover maps and the spatial distribution of the relocated station samples in Anhui Province from 2009 to 2018.

2.2.2 Determining the Research Range of the Station Buffer Zone

Studies have shown that since the observation height of the thermometer shelter in the observation field is 1.5 m, the maximum impact of urbanization on the observation data usually does not exceed 5 km under advection and turbulencetransport conditions[22, 25, 31, 32]. Therefore, for this study, we selected a station buffer zone with a center radius of 5 km to quantitatively study the impact of environmental changes on the SAT series.

2.2.3 Establishing a Dataset of Characterization Parameters of the Observation Environment in the Buffer Zone

Land-use parameters reflect the results of various land resource utilization activities produced by human beings, which are an important part of urban environmental change research[33]. This study uses the supervised classification method to classify land use in ENVI software and establishes four parameter indicators: built-up area ratio (AR_{BT}), water area ratio (AR_W), vegetation area ratio (AR_V), and bare land area ratio (AR_B).

The landscape parameters mainly include the largest patch index (LPI) and the mean fractal dimension (FRAC_MN) of the land type[34]. The LPI represents the dominant land type in the study area. The larger the LPI value, the more obvious the advantage of this type of patch in the overall landscape. The FRAC_MN represents the index of the patch shape. The larger the FRAC_MN, the more complex the shape of the patch and the more discrete the patch distribution. For this study, eight parameter indicators were calculated in the landscape index software Fragstats, including the built-up largest patch index (LPI_{BT}), water largest patch index (LPI_W), vegetation largest patch index (LPI_V), bare land largest patch index (LPI_B), built-up mean fractal dimension ($FRAC\_MN_{BT}$), water mean fractal dimension ($FRAC\_MN_W$), vegetation mean fractal dimension ($FRAC\_MN_V$), and bare land mean fractal dimension ($FRAC\_MN_B$).

The geometric parameters mainly include the distance between the stations and the gravity centers of different land types in the buffer zone, and the distance between the station and the city center[35]. For this study, we used ArcGIS software to extract the land types of "built-up," "water," "vegetation," and "bare land" in the station buffer zone, then used the "Calculate Geometry" function to obtain the gravity centers of the different land types, and finally, the "Point Distance" function could then be used to calculate four parameter indicators, including the distance between the station and the gravity center of built-up land (DIS_{BT}), water (DIS_W), vegetation (DIS_V), and bare land (DIS_B). In the same way, the parameter indicator of the distance between the station and the city center (DIS_C) could be obtained in the ArcGIS software.

The current urbanization bias correction scheme still has deficiencies, mainly due to the limited assessment indicators for local observation environment around meteorological stations.

Landscape ecological morphology (Figure 2) can be used to explore the relationship between the spatial pattern of urban land use and urban local microclimate[36, 37]. Landscape composition can distinguish land-use types, and landscape configuration can fully consider the respective geographic characteristics of different land-use types. In addition to the conventional land-use assessment indicators, therefore, our present work employs landscape ecological indicators and geometric indicators to assess observation environment around station. Finally, based on correlation analysis, six indicators, that is, AR_{BT}, AR_W, LPI_{BT}, LPI_W, DIS_{BT}, and DIS_W, were finally selected.

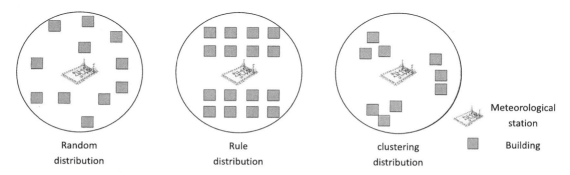

Fig. 2   Schematic diagram of the landscape pattern around the station.

2.2.4   Simulation and Correction Method for the Urbanization Bias in the SAT Series

This article starts with the physical causes of the im pact of urbanization bias on the observation environment and simulates the degree of impact of the urbanization bias on the SAT series by constructing statistical models of SAT_{DON} and DOEFs. Multiple linear regression is a statistical analysis method to determine the quantitative relationship between a dependent variable and multiple independent variables[38, 39]. Assuming there is a linear correlation between the dependent variable Y and the k independent variables X_1, X_2,..., X_k, then the functional relationship between Y and X can be expressed as:

$$Y = \beta + \beta_1 X_1 + \beta_2 X_2 + \cdots + \beta_k X_k + \varepsilon, \tag{1}$$

where β is the regression constant; β_1, β_2, ..., β_k are the regression coefficients; and ε is the regression residual.

After substituting the land-use, landscape, and geometric parameters in the buffer zone around the station into Eq. 1, the simulated values of the changes in the SAT series could be obtained, and then the urbanization bias could be corrected by the simulated values:

$$T'_i = T_i - \Delta T_i. \tag{2}$$

Here, i is the year number from the earliest year of recording to the latest year of correcting, T_i

is the annual average SAT after correction in the ith year (°C), and ΔT_i is the change in the annual average SAT series caused by urbanization bias in the ith year compared with the earliest observation year (°C).

 **RESULTS**

3.1 Case Analysis of a Typical Station

Hefei National Meteorological Observation Station had been completely surrounded by built-up land before relocation because of the process of urbanization in recent years (Figure 3); the observational environment score of Hefei station was only 63.2. After relocation, Hefei station moved 30.2 km to the northwest of the old site, with an altitude difference of 6.0 m, and the observation environment of the station greatly improved, with the score increased to 99.3.

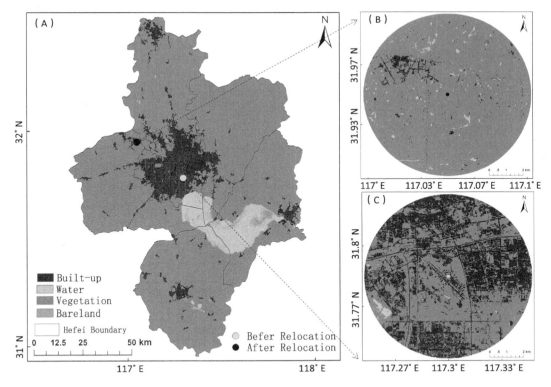

Fig. 3 (A)Location of Hefei station relative to Hefei city before and after relocation. (B) LUCC in the 5-km buffer zone of Hefei station after relocation. (C) LUCC in the 5-km buffer zone of Hefei station before relocation.

65

Table 2 shows the DOEFs between the old and the new stations in the 5-km buffer zone. AR_{BT} decreased from 42.17 to 4.23% after relocation, indicating that the area of built-up land around the station was greatly reduced; the $FRAC\_MN_{BT}$ declined to a certain extent, indicating that the distribution of built-up patches around the station was more concentrated than before relocation; and DIS_{BT} increased from 0.53 to 3.13km, indicating that the built-up land type had weakened the urbanization impact of the station after relocation. The parameters of water, vegetation, and bare land also improved to varying degrees. In addition, the SAT_{DON} in 2018 showed that the annual average SAT of the new station (Figure 3B) was 0.83 °C lower than the old station (Figure 3C) and the decline reached 4.8%. In summary, the representativeness of the observation environment at Hefei station improved after relocation, and the SAT_{DON} could represent the degree of the impact of the urbanization bias on the SAT series.

Table 2   DOEFs in the 5-km buffer zone of Hefei station after and before relocation.

	Parameter	After relocation	Before relocation
Land-use parameters	AR_{BT} /%	4.23	42 .17
	AR_W /%	3.11	1.01
	AR_V /%	91.09	56.04
	AR_V /%	0.57	0.78
Landscape parameters	LPI_{BT}	5.97	24.73
	LPI_W	1.13	0.30
	LPI_V	60.18	38.88
	LPI_B	0.73	0.91
	$FRAC\_MN_{BT}$	1.04	1.14
	$FRAC\_MN_W$	1.18	1.09
	$FRAC\_MN_V$	1.11	1.17
	$FRAC\_MN_B$	1.09	1.14
Geometric parameters	DIS_{BT} /km	3.13	0.53
	DIS_W /km	1.73	3.69
	DIS_V /km	0.02	0.87
	DIS_B /km	1.28	1.01
	DIS_C /km	2.10	8.30

3.2 Analyzing the Statistical Characteristics of the Samples' Daily Average Differences

For this section, daily-averaged SAT_{DON} series were close to a normal distribution and fluctuated in the range of −2.3–4.4 °C (Figure 4). The sample size, mean, and standard deviation were 15,347, 0.572, and 0.568 °C (Table 3), respectively. The above the data distribution was mainly concentrated near the mean value, and the overall sample volatility was relatively small. The kurtosis value of the sample was 2.057, the number of samples with a daily-averaged SAT_{DON} of 0.4 °C was the largest, reaching 1,515, and the number of samples with a daily-averaged SAT_{DON} at 0.2–0.8 °C reached 9,193, accounting for 59.6% of the total number of samples, indicating that the daily-averaged SAT_{DON} series was steeper than the normal distribution. The sample skewness value was 0.673, and the number of daily-averaged SAT_{DON} values greater than the mean was 8,226, accounting for 53.6% of the total sample and indicating that there were more points on the right-hand side of the data distribution, close to the mean.

Table 3   Statistics of the DCSSATda of samples.

Data series	Sample size	Median (°C)	Mean (°C)	Standard deviation (°C)	Kurtosis	Skewness
ΔT_{avg}	15,347	0.500	0.572	0.568	2.057	0.673

In addition, there were 828 negative values in the sample, accounting for 5.39% of the total number of samples, which means that the SAT series of the old stations were lower than the new sites (Figure 4). The influence of the meteorological station observation environment on the SAT series was more complicated. Buildings cause the wind speed to decay downwind and reduce air circulation in the observatory, thereby enhancing the locality of temperature observation. However, under unstable stratification conditions during the daytime, the shadowing effect of solar radiation caused by buildings and aerosol cooling effects might make the SAT observed by the stations surrounded by buildings lower than the stations with open terrain[40-43].

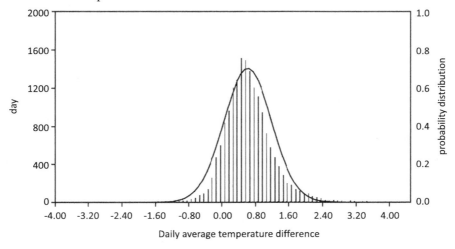

Fig. 4   Probability density distribution of the DCSSATda of samples.

3.3   Correlation Analysis of SAT$_{DON}$ and DOEFs

A total of 37 samples were selected from the relocation samples to analyze the correlation between SAT$_{DON}$ and DOEFs, and existing buffer parameters were filtered in order to establish a revised model of urbanization deviation in the next step. Figure 5 presents the statistical significance test results and correlation coefficient histogram between the SAT$_{DON}$ and DOEFs, in which the solid bars represent the significance level of the correlation reaching 0.05, while the hollow bars represent the opposite.

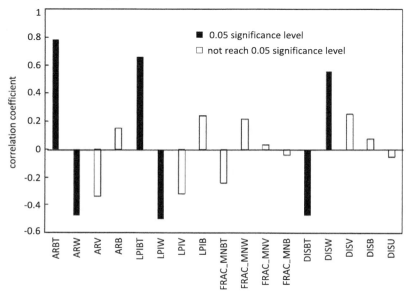

Fig. 5   Statistical significance test results and correlation coefficient histogram between SAT$_{DON}$ and DOEFs.

SAT$_{DON}$ had a significant positive correlation with AR$_{BT}$ after relocation, and the correlation coefficient reached 0.7843, which passed the significance level of 0.05. SAT$_{DON}$ and AR$_W$ showed a significant negative correlation, with a correlation coefficient of -0.4819, which also passed the significance level of 0.05. This showed that with the continuous increase in built-up land around the meteorological station, the decrease in heat capacity of the underlying surface and the increase in anthropogenic heat in the buffer zone led to warming in the SAT series. The heat capacity of water bodies is relatively large, meaning heat in the buffer zone of a station could be taken away as water evaporates, which would lead to a drop in the SAT series[44]. In addition, the SAT$_{DON}$ also had a high correlation with LPI$_{BT}$, LPIW, DIS$_{BT}$, and DIS$_W$ after relocation, which showed that the more obvious the advantages in the buffer landscape and the closer the distance of the station to the built-up center of gravity, the greater the SAT_{DON}, while for water this was opposite. Accordingly, this article uses six indicators (AR_{BT}, AR_W, LPI_{BT}, LPI_W, DIS_{BT}, and DIS_W) to study the response SAT_{DON} to the change in the DOEF in the buffer zone.

3.4   Simulation and Accuracy Evaluation of Urbanization Bias in the Annual Average SAT Series

The parameter indicators in the buffer zone have undergone great changes after relocation. As shown in Figure 6, the change values in the proportion of built-up area (ΔAR_{BT}) of all the relocation samples were positive, which shows that the area of built-up land around the relocated stations was reduced and 92.18% of the ΔAR_{BT} values were concentrated in the range of 0–50%. The number of stations with a negative change value in water area ratio (ΔAR_w) reached 22, which showed that the water area of most stations increased after relocation. The change values of the built-up LPI (ΔLPI_{BT}) of all the relocation samples were positive, and 92.18% of the ΔLPI_{BT} values were concentrated in the range of 0–20. The number of stations with a negative change value of water LPI (ΔLPI_w) also reached 22, which showed that the water advantage of most stations increased after relocation. All the change values of the distance between the station and the built-up center of gravity (ΔDIS_{BT}) were negative, which showed that all samples of relocated stations were far away from the center of gravity of built-up patches. The change value of the distance between the station and the built-up center of gravity (ΔDIS_{BT}) was negative, revealing that all samples of relocated stations were far away from the center of gravity of built- up patches. The number of stations with a positive change value of the distance between the station and the water center of gravity (ΔDIS_w) reached 24, which showed that most samples of relocated stations were close to the center of gravity of built-up patches.

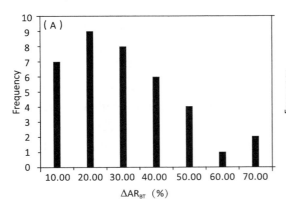
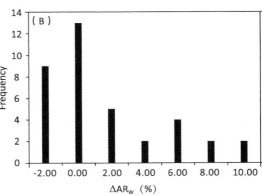

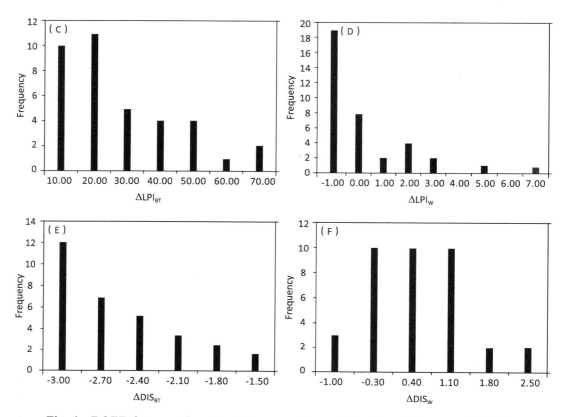

Fig. 6   DOEFs between the old and the new stations in the 5-km buffer zone: (A) ΔAR_{BT};
(B) ΔAR_w; (C) ΔLPI_{BT}; (D) ΔLPI_w; (E) ΔDIS_{BT};and(F) ΔDIS_w.

For this part of the study, we used statistics to analyze the response relationship between the SAT_{DON} and DOEFs and simulate the impact of the urbanization bias on the SAT series. The sample was subjected to colinearity diagnosis in SPSS; the statistical models of SAT_{DON} and DOEFs were constructed finally:

$$\Delta T_{avg} = 2.085 \times \Delta AR_{BT} - 1.515 \times \Delta AR_w - 0.017 \times \Delta LPI_w - 0.039 \times \Delta DIS_{BT} + 0.133 \times \Delta DIS_w. \qquad (3)$$

Here, ΔT_{avg} is the annual averaged SAT_{DON} of meteorological stations. Table 4 shows coefficient of determination (R^2) for stepwise regression of the fitted model. With the increase of independent variable, the R^2 of the model increases. The R^2 of the fitting model finally reached 0.953, which passed the 0.05 significance test, indicating that the above five influencing factors have a crucial impact on SAT_{DON}.

Table 4 Coefficient of determination (R^2) for stepwise regression of the fitting model.

Model	R^2	Standard deviation of the estimation
1	0.927	0.265
2	0.931	0.237
3	0.939	0.222
4	0.943	0.214
5	0.953	0.209

According to Eq. 3, the change values of the annual average SAT of the remaining five relocated stations in the sample were simulated to compare with the real change value of the sample. As shown in Table 5, the difference between the simulated and real value fluctuates in the range of 0.014–0.108°C. The simulation error range is 3.66–18.21%, and the average error is 10.09%.

Table 5 Accuracy evaluation of urbanization bias in average SAT series.

Station No.	ΔT_{avg}	Simulation value	Simulation error （%）
58122	0.941	0.993	5.52
58214	0.593	0.701	18.21
58338	0.602	0.692	14.95
58109	0.852	0.921	8.10
58220	0.383	0.397	3.66

4 DISCUSSION

The conventional correction method involves gradually decreasing the annual average urbanization impact from the earliest year of the target station series[11-13]. The corrected series represents the regional annual average SAT series in which the urbanization bias has been removed:

$$T'_i = T_i - (\Delta T_{u-r} / 10) \times (i - 1) . \tag{4}$$

Here, i is serial number from the earliest year of recording to the latest year of correcting, T'_i is the annual average SAT after correction in the ith year (°C), T_i is the annual average SAT before correction in the ith year (°C), and ΔT_{u-r} is the difference in the SAT warming rate between the urban and reference station (°Cdecade^{-1}). It should be noted that Eq. 4 has an assumption that the urbanization bias shows a linear growth trend.

For this part of the study, we take the annual average SAT series of Hefei station from 1953 to 2018 (homogenization correction was carried out to remove discontinuities or jumping points caused by the relocation) as an example to discuss the correction of the urbanization bias. The ΔT_{u-r} of Hefei station was $0.065°Cdecade^{-1}$ with Shouxian station selected as the reference station (see Figure 1).

Because remote sensing images before the 1950s are not easy to obtain, and the observation environments of meteorological stations were basically unaffected by urbanization, we set the initial value of the various parameters in the station buffer zone in the earliest record year to be 0.

We used the new correction method based on remote sensing to correct the urbanization bias of Hefei station. According to the development process of Hefei's urbanization, the remote sensing image of six times (1979, 1987, 1998, 2004, 2009, and 2018) covering the Hefei area was selected (Figure 7). The five parameters of AR_{BT}, AR_W, LPI_W, DIS_{BT}, and DISW were interpreted and substituted into Eq. 3 to obtain the change values of the annual average SAT series, and then the urbanization bias was corrected using Eq. 2. In addition, we also used the CCM to correct the urbanization bias of Hefei station in the above the remote sensing image of six times, and the results obtained by the CCM and NCM methods were compared and analyzed.

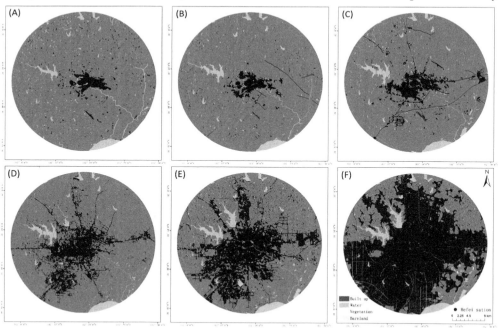

Fig.7　Land use of Hefei city in the 20-km buffer zone and the location of Hefei station: (A) 1979; (B) 1987; (C) 1998; (D) 2004; (E) 2009; and (F) 2018.

The correction results obtained by the CCM were higher than those of the NCM (Table 6). The CCM did not take into account the impact of the urbanization bias on the reference station, and therefore, the urbanization bias obtained from the reference station was the minimum estimate.

Table 6 Comparison of results between the CCM and NCW at Hefei station.

Year	Observation (°C)	Urban bias (°C) (CCM)	After correction (°C) (CCM)	Urban bias (°C) (CCM)	After correction (°C) (CCM)	GDP
1979	16.124	0.169	15.954	0.233	15.891	–
1987	15.796	0.221	15.575	0.314	15.482	–
1998	17.129	0.293	16.836	0.457	16.672	270.47
2004	16.633	0.332	16.301	0.248	16.385	589.70
2009	16.720	0.364	16.356	0.436	16.284	2,102.12
2018	17.062	0.423	16.639	0.851	16.211	7,822.91

The rate of urban development in Hefei was relatively slow before 2004. From 2004 to 2018, the total GDP of Hefei increased by ¥723.321 billion, with an annual average growth rate of 81.77%, and its economic growth rate ranked first in the YRD region[26]. The warming rate in the SAT series caused by the urbanization bias should change with economic development, but the warming rate at Hefei station obtained by the CCM was a fixed value ($0.065°C decade^{-1}$), and this assumption that the impact of urbanization increases linearly year by year over time is questionable[11]. The results of the NCM show that the urbanization bias of Hefei station increased gradually from 0.233 to 0.457°C from 1979 to 1998. Due to the relocation of Hefei station in 2004, the observation environment improved significantly, and the NCM-based urbanization bias between 2004 and 2009 did not increase much, but the CCM-based urbanization bias was increasing over time because station relocation was not taken into account. The urbanization bias of Hefei station increased quickly from 0.436 to 0.851°C as the city experienced rapid development from 2009 to 2018. The NCM constructed in this study produces results that are dynamically consistent with the observation environment of the station and the development of the city. In summary, the present work study mainly focused on the sample application exploration of our new urbanization bias correction method, which can make up for the shortcomings of the conventional linear method. We will find more relocation stations in the whole Yangtze River Delta region to extend our new method application in the future.

Based on the R^2 of the fitted results (Table 4), it is clear that all the selected parameters can explain more than 90% of the urbanization bias. In addition, urbanization is not only reflected by the two-dimensional horizontal urban expansion but also by the vertical morphology of the three-dimensional urban spatial structure. Previous studies suggested that the vertical geometry of urban canopy building also had an impact on local microclimate[4, 45, 46]. In the future, we will expand three-dimensional indicators to supply the indicators of urbanization bias correction.

5 CONCLUSION

In this study, we selected 42 meteorological stations with site- relocation history in the western region of the YRD from 2009 to 2018 as research example samples and then utilized annual SAT_{DON} series between the old and the new stations to characterize the impact of the urbanization bias on SAT series. We proposed a new method for correcting urbanization-induced bias in surface air temperature observations based on comparative site-relocation data. The main conclusions are as follows.

Spatial land-use, landscape, and geometric parameters of the underlying surface in the 5-km buffer zone around the station were good to be as the DOEFs of the site. The comparative analysis revealed that parameters such as AR_{BT}, AR_W, LPI_{BT}, LPI_W, DIS_{BT}, and DIS_W in DOEFs had the highest correlation with SAT_{DON}, with absolute values of correlation coefficients exceeding 0.4, passing the 0.05 significance test. After colinearity diagnosis, a new linear regression model between five parameters (AR_{BT}, AR_W, LPI_W, DIS_{BT}, and DIS_W) and SAT_{DON} was finally constructed to correct urbanization bias, which clearly reflected the effects of rapid and slow phases of urbanization and environmental changes around the site on the observed SAT. The CCM did not take into account that the reference station was affected by the urbanization, which may underestimate urbanization bias. In addition, CCM cannot consider the station relocation situation, which may overestimate urban bias when the station relocated. In contrast, the NCM constructed in this study can make up these shortcomings to correct the urbanization bias caused by local human activities more reasonably and effectively and can also reduce the error caused by the selection of reference stations in the traditional urban–rural comparison method.

REFERENCES

[1] GALLO K P, EASTERLING D R, PETERSON T C. The inffluence of land use/ land cover on climatological values of the diurnal temperature range[J]. *J. Clim*, 1996, 9(11):2941–2944. doi:10.1175/1520-0442(1996)009<2941:tioluc>2.0.co;2.

[2] PETERSON T C. Examination of potential biases in air temperature caused by poor station locations[J]. *Bull. Amer. Meteorol. Soc*, 2006, 87:1073–1080. doi:10.1175/ BAMS-87-8-1073.

[3] TRUSILOVA K, JUNG M, CHURKINA G, KARSTENS U, HEIMANN M, CLAUSSEN M. Urbanization impacts on the climate in europe: numerical experiments by the PSU NCAR mesoscale model (MM5) [J]. *J. Appl. Meteorol. Climatol*, 2008, 47(5):1442–1455. doi:10.1175/2007JAMC1624.1.

[4] CHEN G, WANG D, WANG Q, LI Y, WANG X, HANG J, et al. Scaled outdoor experimental studies of urban thermal environment in street canyon models with various aspect ratios and thermal storage[J]. *Sci. Total Environ*, 2020, 726:138147. doi:10.1016/ j.scitotenv.2020.138147.

[5] DAVEY C A, SR A P. Microclimate exposures of surface-based weather stations: implication for the assessment of long-term temperature trends[J]. *Bull Amer. Meteorol. Soc*, 2005, 86(4):497–504. doi:10.1175/BAMS-86-4-497.

[6] VOSE R S. Reference station networks for monitoring climatic change in the conterminous United States[J]. *J. Clim*, 2005, 18(24):5390–5395. doi:10.1175/ JCLI3600.1.

[7] REN G, DING Y, TANG G. An overview of Chinese mainland temperature change research[J]. *J. Meteorol. Res*, 2017, 31(1):3–16. doi:10.1007/ s13351-017-6195-2.

[8] WEN K, REN G, LI J, ZHANG A, REN Y, SUN X, et al. Recent surface air temperature change over Chinese mainland based on an urbanization-bias adjusted dataset[J]. *J. Clim*, 2019, 32(10):2691–2705. doi:10.1175/ JCLI-D-18-0395.1.

[9] HANSEN J, RUEDY R, SATO M, IMHOFF M, LAWRENCE W, EASTERLING D, et al. A closer look at United States and global surface temperature change[J]. *J. Geophys. Res*, 2001, 106(D20):23947–23963. doi:10.1029/2001JD000354.

[10] FUJIBE F. Detection of urban warming in recent temperature trends in Japan[J]. *Int. J. Climatol*, 2009, 29(12):1811–1822. doi:10.1002/joc.1822.

[11] ZHANG A Y. *Identifying and correcting urban bias for surface air temperature series*[D]. Beijing, China: China Academy of Meteorological Sciences, 2009.

[12] ZHANG Y. *Assessment and correction of urban bias in surface air temperature series of eastern China over time period 1913-2012*[D]. Beijing, China: China Academy of Meteorological Sciences, 2014.

[13] WEN K M, REN G Y, LI J, REN Y. Adjustment of urbanization bias in surface air temperature over the mainland of China[J]. *Prog. Geogr*, 2019, 38(4):600–611. doi:10.18306/dlkxjz.2019.04.012.

[14] ZHOU C, WANG K, QI D, TAN J. Attribution of a record-breaking heatwave event in summer 2017 over the Yangtze River Delta[J]. *Bull. Am. Meteorol. Soc*, 2019, 100:97–103. doi:10.1175/ bams-d-18-0134.1.

[15] BAI Z H, REN G Y. The effect urban heat island on change of regional mean temperature in Gansu Province, China[J]. *Plateau Meteorol*, 2006, 25(1):91–94. doi:10.1016/S1003-6326(06)60040-X.

[16] LIU Y L. *A preliminary analysis of the inflfluence of urbanization on precipitation change trend in north China*[D]. Lanzhou, China: Lanzhou University, 2006.

[17] LI Q, HUANG J, JIANG Z, ZHOU L, CHU P, HU K. Detection of urbanization signals in extreme winter minimum temperature changes over northern China[J]. *Clim. Change*, 2014, 122:595–608. doi:10.1007/s10584-013-1013-z.

[18] CHAO L, HUANG B, YUANJIAN Y, JONES P, CHENG J, YANG Y, et al. A new evaluation of the role of urbanization to warming at various spatial scales: evidence from the Guangdong-Hong Kong-Macau region, China[J]. *Geophys. Res*. Lett, 2020, 47(20):e2020GL089152. doi:10.1029/2020GL089152.

[19] LI Q, HUANG J. Effects of urbanization on extreme warmest night temperatures during summer near Bohai[J]. *Acta Meteorol. Sin*, 2013, 27(6):808–818. doi:10.1007/s13351-013-0602-0.

[20] Meteorological Observation Centre of CMA. *Investigation and evaluation report on detection environment of national surface meteorological observation station and aerological station*[R]. Beijing, China: China Meterological Administration, 2013.

[21] Comprehensive Observation Department of China Meteorological Administration. *Basic information change table of national surface meteorological observation station*[R]. Beijing, China: China Meterological Administration, 2015.

[22] YANG Y J, WU B W, SHI C E, ZHANG J H, LI Y B, TANG W A, et al. Impacts of urbanization and station-relocation on surface air temperature series in Anhui Province, China[J]. *Pure Appl. Geophys*, 2013, 170(11):1969–1983. doi:10. 1007/s00024-012-0619-9.

[23] YANG Y J, WANG L B, HUANG Y. Impact of urbanization on meteorological observation and its environment representativeness: a case study of shouxian national climate station[J].

Meteorol. Sci. Tech, 2017, 45(1):7–13. doi:10.19517/j.1671-6345.20160062.

[24] LI Y B, SHI T, YANG Y J, WU B W, WANG L B, SHI C E, et al. Satellite based investigation and evaluation of the observational environment of meteorological stations in Anhui Province, China[J]. *Pure Appl. Geophys*, 2015, 172(6):1735–1749. doi:10.1007/s00024-014-1011-8.

[25] SHI T, HUANG Y, WANG H, SHI C E, YANG Y J. Inflfluence of urbanization on the thermal environment of meteorological station: satellite-observed evidence[J]. *Adv. Clim. Change Res*, 2015, 6:7–15. doi:10.1016/j.accre.2015. 07.001.

[26] National Bureau of Statistic. *China statistical yearbook*[M]. Beijing, China: China Statistics Press, 2019:107–153.

[27] YAO W, HAN M, XU S. Estimating the regional evapotranspiration in zhalong wetland with the two source energy balance (TSEB) model and Landsat7/ ETM+images[J]. *Ecol. Inform*, 2010, 5(5):348–358. doi:10.1016/ j.ecoinf.2010.06.002.

[28] SAPUTRA A N, DANOEDORO P, KAMAL, M. Application of Landsat 8 OLI image and empirical model for water trophic status identifification of riam kanan reservoir, banjar, south kalimantan[J]. *IOP Conf. Ser. Earth Environ. Sci*, 2017, 98(1):012020. doi:10.1088/1755-1315/98/1/012020.

[29] SHI T, YANG Y J, JIANG Y L. Impact of the variation of urban heat island intensity on temperature series in Anhui Province[J]. *Climatic Environ. Res*, 2011, 16(6):779–788. doi:10.3878/ j.issn.1006-9585.2011.06.13.

[30] REN G Y, ZHANG A Y, CHU Z Y, et al. Principles and procedures for selecting reference surface air temperature stations in China[J]. *Meteorol. Sci. Tech*, 2010, 38(1):78–85. doi:10.3969/j.issn.1671-6345.2010.01.015.

[31] CAI X H. Footprint analysis in micrometeorology and its extended applications[J]. *Chin. J. Atmos. Sci*, 2008, 32:123–132. doi:10.3878/j.issn.1006-9895. 2008.01.11.

[32] YANG Y, ZHANG M, LI Q, CHEN B, GAO Z, NING G, et al. Modulations of surface thermal environment and agricultural activity on intraseasonal variations of summer diurnal temperature range in the Yangtze River Delta of China[J]. *Sci. Total Environ*, 2020, 736:139445. doi:10.1016/j.scitotenv. 2020.139445.

[33] CAROLINA A, TATIANA P, FERREIRA R. The conservation success over time: evaluating the land use and cover change in a protected area under a long re-categorization process[J]. *Land Use Policy*, 2013, 30(1):177–185. doi:10.1016/j. landusepol.2012.03.004.

[34] WU J G. *Landscape ecology, pattern, process, scale and grade*[M]. Beijing, China: Higher Education Press, 2000:107–115.

[35] LIU J, KUANG W, ZHANG Z, XU X, QIN Y, NING J, et al. Spatiotemporal

characteristics, patterns, and causes of land-use changes in China since the late 1980s[J]. *J. Geogr. Sci,* 2014, 24(1):195–210. doi:10.1007/s11442-014-1082-6.

[36] ZHOU W, HUANG G, CADENASSO M L. Does spatial confifiguration matter? Understanding the effects of land cover pattern on land surface temperature in urban landscapes[J]. *Landscape Urban Plann*, 2011, 102:54–63. doi:10.1016/ j.landurbplan.2011.03.009.

[37] ESTOQUE R C, MURAYAMA Y, MYINT S W. Effects of landscape composition and pattern on land surface temperature: an urban heat island study in the megacities of Southeast Asia[J]. *Sci. Total Environ*, 2017, 577:349–359. doi:10.1016/ j.scitotenv.2016.10.195.

[38] LYNN E E. Multiple linear regression[J]. *Methods Mol. Biol*, 2007, 404:165–187. doi:10.1007/978-1-59745-530-5_9.

[39] LI Q. Statistical modeling experiment of land precipitation variations since the start of the 20th century with external forcing factors[J]. *Chin. Sci. Bull*, 2020, 65(21):2266–2278. doi:10.1360/TB-2020-0305.

[40] LI X, GUO J X, JIN L J. The effect of meso-scale environment on temperature in Huang-Huai-Hai plain area[J]. *J. Appl. Meteorol. Sci*, 2011, 22(6):740–746. doi:10.1016/B978-0-444-53599-3.10005-8.

[41] ZHENG Z F, REN G Y, WANG H, DOU J X, GAO Z Q, DUAN C F, et al. Relationship between Fine Particle Pollution and the Urban Heat Island in Beijing, China: Observational Evidence[J]. *Bound. Layer Meteorol*, 2018, 169(1):93–113. doi:10.1007/s10546-018-0362-6.

[42] ZHENG Z, ZHAO C, LOLLI S, WANG X, WANG Y, MA X, et al. Diurnal Variation of Summer Precipitation Modulated by Air Pollution: Observational Evidences in the Beijing Metropolitan Area[J]. *Environ. Res. Lett*, 2020, 15(9). doi:10. 1088/1748-9326/ab99fc.

[43] YANG Y, ZHENG Z, YIM S H L, ROTH M, REN G, GAO Z, et al. PM2.5 Pollution Modulates Wintertime Urban Heat-Island Intensity in the Beijing Tianjin-Hebei Megalopolis, China[J]. *Geophys. Res. Lett*, 2020, 47(1). doi:10.1029/2019gl084288.

[44] ZENG Y N, ZHANG S J, ZHANG H H. Study on urban heat island effects and its associated surface indicators[J]. *Remote Sensing Tech. Appl*, 2010, 25(1):1–7. doi:10.3724/ SP.J.1087.2010.02819.

[45] OKE T R. *Initial guidance to 0btain representative meteorological observations at urban sites*[R]. Geneva, Switzerland: World Meteorological Organization, 2004.

[46] BONACQUISTI V, CASALE G R, PALMIERI S, SIANI A M. A canopy layer model and its application to Rome[J]. *Sci. Total Environ*, 2006, 364(4):1–13. doi:10. 1016/ j.scitotenv.2005.09.097.

中编

气象科技史研究

江城二甲子　风云百余年
——芜湖国家气象观测站的前世今生

张　丽　孙大兵　司红君　王亚玲　刘怀明

（芜湖市气象局，芜湖 241000）

摘要： 芜湖市气象观测站是安徽近代最早的气象观测站，自 1880 年开始进行气象观测，距今已有 140 多年的历史。芜湖气象诞生于风雨飘摇的年代，又在时代的大潮中逐步成长，一个多世纪的阴晴冷暖、风霜雪雨昭示了艰辛曲折的发展轨迹，是科学发展与民族复兴的忠实记录者。

关键词： 百年气象站，芜湖，海关，天主堂，气象观测

1 长江巨埠　皖之中坚

> 诗中长爱杜池州，说着芜湖是胜游。
>
> 山掩肥城当北起，渡冲官道向西流。
>
> 风稍樯碇网初下，雨摆鱼薪市未收。
>
> 更好两三僧院舍，松衣石发斗山幽。

——宋·林逋《过芜湖县》

历史悠久、风光秀美的江城芜湖，位于安徽省东南部长江南岸青弋江与长江汇合处，自古享有"江东名邑""吴楚名区"之美誉（图 1），明代中后期是著名的浆染业中心，近代为"江南四大米市"之首。

本文为气象出版社 2021 年 12 月出版的《中国的世界百年气象站（三）》中的第二章《芜湖国家气象观测站》，略有修改。

资助项目：安徽省气象局科研面上项目（KM202006）。

图 1　1908 年的芜湖中江塔（古人把长江从九江到镇江的一段称为中江，而芜湖适得其处，故有中江之名，中江塔也因此得名，并被誉为"江上芙蓉"）

　　芜湖古称鸠兹，已有 2000 多年的悠久历史。春秋时属吴国，因"湖沼一片，鸠鸟繁多"而名"鸠兹"，这也是芜湖最早见于史籍的地名。汉武帝元封二年（公元前 109 年），鸠兹设县，因"蓄水不深而多生芜藻"始名"芜湖"[1]。

　　芜湖地处长江中下游，境内河网密布、土地肥沃，是主要的产粮区，被誉为"鱼米之乡"。每年盛产的稻米除自给自足外，仍有大量剩余外销，于是便形成了与米粮相关的产业[2]。在古代，水路运输是最便捷也最经济的运输方式，芜湖处于长江黄金水道，南有青弋江、水阳江、清水河在此汇集入江，北有裕溪河、巢湖，是水上交通的枢纽[3]。到了近代，优越的水运条件使得芜湖成为长江中下游最大的米粮集散地。目前，芜湖为安徽省地级市，经济总量居安徽省第二位，是国家长江三角洲城市群发展规划的大城市，皖江城市带承接产业转移示范区的核心城市，合芜蚌国家自主创新示范区、皖南国际文化旅游示范区、合肥都市圈、长三角 G60 科创走廊的重要成员。

　　1876 年，清政府被迫签署不平等的《中英烟台条约》（图 2），芜湖被辟为通商口岸[4]，芜湖成为安徽地区第一个与西方世界建立纽带的城市，芜湖气象也由此进入了中西方科技交融的时代，成为安徽近代气象事业的先驱和开拓者，将整个安徽省气象事业带入了近现代科学化发展的轨道之中。

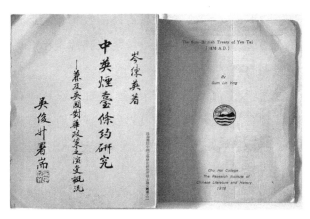
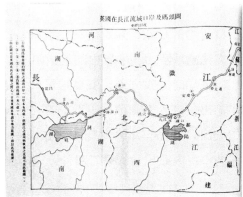

图2　1978年，香港的岑练英先生出版专著《中英烟台条约研究》（左），书中所附《英国在长江流域口岸及码头图》中注明芜湖为《中英烟台条约》开放的通商口岸（右）

2018年，芜湖国家气象观测站被中国气象局正式认定为"中国百年气象站"（图3）；2020年，芜湖国家气象观测站被世界气象组织（WMO）认定为"世界百年气象站"（图4），是安徽省首个"世界百年气象站"。百年风雨、沧桑巨变，这座屹立在长江之滨的世界百年气象站，依然在向我们诉说着这段斑驳的峥嵘岁月。

图3　2018年中国气象局为芜湖颁发的中国百年气象站铜牌　　　图4　2020年世界气象组织为芜湖颁发的世界百年气象站证书

❷ 诞生：近代安徽最早的气象观测站

清光绪二年（1876年），清政府被迫与英国签署不平等的《中英烟台条约》，芜湖被辟为通商口岸。1877 年 4 月，芜湖海关正式建立，定为三等海关，专门征收轮船装运进出口货物的税款，兼管港口、航政、代办邮政、气象等业务，还负责稽查鸦片走私。由设在芜湖范罗山领事署内的英国领事署总税务司管理关务[5-7]。

芜湖海关设立前，安徽地区的农土产品只能经上海、镇江、宁波、九江、汉口等口岸输出，进入安徽地区的产品都由上海等口岸输入[8]。芜湖海关设立后，安徽有了直接的进出口贸易口岸。芜湖海关在旧中国是四十余处海关之一，也是安徽省最早的海关，芜湖市也因此成为安徽省对外开放的先锋（图 5）。

图 5　19 世纪末，芜湖长江码头

2.1　芜湖海关气象观测站

鸦片战争后，中国海关名义上隶属于清政府，实际上诸多方面听命于其外籍领导人以及各级要害部门的大批外籍雇员。1863 年 11 月，英国人赫德担任中国海关总税务司职务。自此，他主持中国海关近半个世纪，在海关建立了总税务司的绝对统治[9]。

西方殖民者认识到，要保障入华商船、战舰的顺利航行，就需要获取中国各地的气象情报。于是，1869 年 11 月 12 日，海关总税务司赫德向各海关发布《海关 28 号通札》命令，详述了观测气象要素的重要性，提出要在中国沿海、长江重要口岸海关及近海海岛灯塔附近设立气象测候所。海关设立气象测候所使用的仪器由清政府出资购买，而建立及运营测候所，则完全由外国人越俎代庖、大包大揽。1880 年，清政府听取了赫德的建议[10]，在位于现在的芜湖市镜湖区滨江公园内老海关楼附近建立了海关气象观测站

（图 6、7）。同时建立的还有汕头、宁波等共计 21 处气象观测站，1880 年也成为海关气象观测史上设立观测站点最多的一年。

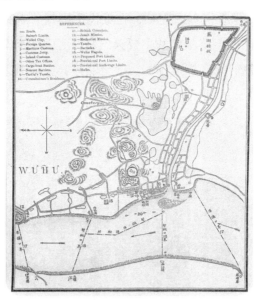

图 6　清末民初芜湖港老地图，图中标注了 20 个单位：1.内城，2.外国人住所，3.海关，4.海关栈桥，5.钞关，6.其他税务机关，7.货船调度站，8.最近的关卡，9.道台衙门，10.海关关长官邸，11.英国领事馆，12.天主教耶稣会，13.美以美教会，14.衙门，15.兵营，16.芜湖宝塔，17.原议港口界，18.暂拟港口界，19.暂拟停船所，20.废船

图 7　19 世纪 30 年代芜湖长江边老海关建筑群

经考证，芜湖海关气象观测站（图 8）于 1880 年 3 月正式开展气象观测[11]，观测项目有气压、干球温度、湿球温度、最高温度、最低温度、降水量、降水时长、风向、风

速和天气现象（图9、10）。直到1937年11月，芜湖在日本发动的侵华战争中沦陷，芜湖海关气象观测站才被迫中止业务观测。当时芜湖海关气象观测站的记录已长达半个世纪，其观测时间之长久，保存资料之完整，在近代中国气象观测史上实属罕见。芜湖的气象情报代表了当时长江中下游城市的主要天气特征，其资料价值相当可贵。1880年，上海徐家汇观象台的气象情报网东至日本、南至菲律宾，设有54个台站[12]，其中第30个站就是芜湖站，其重要性可见一斑。

图8　1880年中江塔附近设有芜湖最早的气象台

图9　1880年3月，芜湖海关气象观测记录

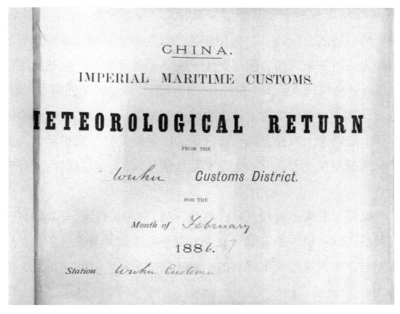

图 10　1886 年 2 月，芜湖海关气象观测月报表封面

　　当时的芜湖海关气象观测站没有独立的气象科室，也没有专职的气象工作者，观测工作全部由海务人员、外勤人员等原海关外籍工作人员兼职承担，直到 1913 年以后才吸收中国人参与。观测业务前期比较混乱，没有统一的规章，观测的时间、次数、项目前后不一致，仪器的型号、规格也不一样。气温、气压、降水的计量单位长期采用英制，如气温单位是华氏度、气压单位是英寸，且记录比较粗糙，如只记录气压表原始读数，不做任何订正。

　　从 1903 年开始，海关气象观测逐步改进，从当年 11 月 1 日起统一了观测的时次和基本项目，规定了每天进行 8 次观测（03 时、06 时、09 时、12 时、15 时、18 时、21 时、24 时）或 4 次（03 时、09 时、15 时、21 时）观测。1905 年，海关总署颁布了《气象工作须知》，有了统一的观测工作制度，还派人去各地检查落实情况，气象观测工作逐步走上正轨。1880 年 3 月至 1937 年 11 月期间，芜湖海关气象观测站的业务很少中断，每月编制月报表，并于下月初报送海关总署。自 1935 年起，芜湖海关气象观测站承担了向徐家汇、青岛、香港、东京等气象台发送气象电报的任务，同时发电报的还有秦皇岛、塘沽、厦门、汕头等 27 个台站，每日需要发送气象电报到 9 个不同的地方，发报次数达到 270 次。

中国海关自 1896 年就制定了悬挂信号旗的天气预报发布办法，由上海港逐步扩大到中国其他海岸港口地区。1905 年，因使用信号旗作标记暴露出无法克服的缺点，即信号旗在天气晴朗无风时不能飘扬，因而无法识别其形状和颜色，也就无法得知未来的天气变化，经中国海关协调同意后，决定统一采用圆形体标记，从任何方位看其投影不变。圆形体标记分为球体、尖端向上的锥体、尖端向下的锥体、底部相连的锥体和尖端相连的锥体 5 类，并由此确定大风及台风、低气压的区域位置信号及移动方向信号。从理论上推测，当年，芜湖海关气象观测站也是要悬挂信号旗的，但目前尚未找到相关的图片和记录。

芜湖海关气象观测是安徽近代气象观测的开端，为芜湖乃至安徽地区积累了长达半个世纪大量可用的气象资料，是安徽气象史上重要的组成部分。但是，我们必须清醒地认识到，西方列强在中国进行气象观测的初衷，完全是从自身利益出发，为其侵略战争服务的。

2.2　芜湖教会气象观测

与海关气象同时期建立和发展的气象观测还有芜湖的天主教会，这也是一直以来民间流传最多的关于芜湖气象起源的说法之一。

鸦片战争后，天主教耶稣会来华传教，于 1847 年在上海徐家汇建立天主教江南传教区总部，并先后将教务开展到江苏、安徽两省，其中，安徽省主教堂就设在芜湖。有关传教士来芜湖的最早记述在 1874 年[13]。当时，法国籍天主教传教士金式玉在芜湖沿江一带购得土地，建了几间简陋的房屋，开展传教、气象观测等一系列工作。1876 年，《中英烟台条约》签订后，芜湖被辟为通商口岸，这更利于金式玉开展传教。1883 年，金式玉购置芜湖鹤儿山土地，并于 1887 年在此开始正式建造住院与教堂。1889 年底，江南教区中心大教堂建成，名为芜湖圣若瑟主教座堂。1891 年 5 月爆发"芜湖教案"，教堂被烧毁。事后，清政府赔偿了法方 123000 多两白银，教会便在原址扩大规模重建教堂。新教堂以法国教堂巴黎圣母院为蓝本模仿建造（图 11），于 1895 年 6 月竣工，是华东闻名遐迩的宗教场所，规模仅次于上海徐家汇天主教堂，协助统领整个江南教区，素有江南"小巴黎圣母院"的美誉[14]。

图 11　20 世纪 10 年代的芜湖天主教堂

除了传教以外，芜湖天主教还开设了医院、学校、气象观测等多项业务。1880 年初，在徐家汇天主教堂总部的统一部署下，芜湖天主教购买了一批气象仪器，建起了芜湖教会气象站并开始了气象观测。据竺可桢先生编著的《中国之雨量》记载，芜湖教会气象观测自 1880 年 6 月开始，较海关气象观测迟了 3 个月。

当年，芜湖天主教还须将每个月的气象观测记录汇编成册，汇交到徐家汇观象台。同时，芜湖天主教利用其自营的印书馆，将每个月或每两个月的气象观测记录编辑印刷成期刊。封面上用中文、法文两种语言，清楚标明期刊内容、观测年月及期刊号，这在当时是相当先进的。根据 1935 年 10 月出版的芜湖气象观测期刊记载，当时教会气象观测每天进行 8 次（03 时、06 时、09 时、12 时、15 时、18 时、21 时和 24 时），观测项目包括气温、气压、相对湿度、风向风速、云状、降水、蒸发和天气现象等[15]。观测地点就在现今的芜湖市镜湖区吉和街天主教堂内（图 12）。

1930 年 1 月，徐家汇观象台第一次出现了芜湖站的汇交资料，每天一次，只有天气现象和降水量。1932 年 12 月 23 日，东亚地面天气图第一次出现了"芜湖站"的站点名称；1933 年 2 月 1 日，东亚地面天气图"芜湖站"下面第一次出现了芜湖的气象记录。

从目前留存的芜湖教会的气象观测资料来看，其观测质量和数据的清晰程度要明显好于海关气象观测站。由于当年芜湖海关和天主教堂距离很近，并且来往密切，两个气象站观测的时次也是一致的，他们之间是否有交流合作、数据共享，还有待进一步考证。

图12　芜湖天主教堂内，亭顶置有测风仪器

3　挣扎：在艰苦环境下勉强生存

国家兴亡，匹夫有责。在那个弱肉强食的年代，无数具有强烈民族责任感的仁人志士艰难地推进着中国气象科学的发展。

3.1　芜湖长序列气象观测资料首次被官方收录

辛亥革命推翻了清政府的腐朽统治，1912年中华民国成立后，南京临时政府在北京古观象台的基础上筹建了我国自主创办的第一个气象台——中央观象台。为了对外宣传气象知识和气象工作，中央观象台编印了《气象月刊》（1915年改为《气象丛书》）和《观象丛报》等[16]，刊物内容主要为气象学专业学术文章，以及北京和全国其他部分城市的气象记录。当时国内观测站点较少，发报的台站仅有海关测候所10余个，多集中在沿江、沿海一带，安徽省仅有芜湖海关测候所的观测数据（图13）。

为了发展全国的气象事业，中央观象台还拟定了《扩充全国测候所意见书》，开始进行气象测候所建设，并开办短期培训班，培养了一批测候人员[17]。

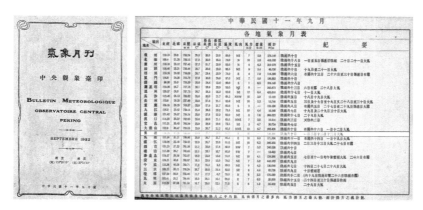

图 13　中央观象台编印的《气象月刊》，其中收录的各地气象月表中，安徽省仅芜湖一处

　　1929 年元旦，国立中央研究院气象研究所在南京北极阁成立，竺可桢先生担任所长。气象研究所的主要任务是气象观测、气象研究以及对全国气象工作进行指导[18]。气象研究所定期出版观测资料《气象月刊》，主要刊登北极阁气象台的详细气象资料，同时摘登国内重要台站的记录（包括气压、气温、绝对湿度、相对湿度、降水量、日照时数、雨量、风向风速等），最多时有 89 处，基本上包含了国内的重要气象台站。《气象月刊》出版前期，安徽省仅有芜湖一站，后期又增加了安徽怀宁（安庆）站（图 14、15）。每到年终，《气象月刊》还分项统计后编印成《气象年报》，并附有一些气象论文。这些刊物均能按时出版，并获得了国内外人士的好评[16]。

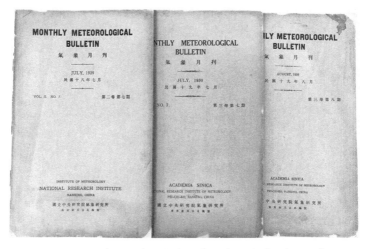

图 14　国立中央研究院气象研究所出版的《气象月刊》

图 15　1930 年 1 月的《气象月刊》内页，安徽仅芜湖一站（左）；1936 年 3 月的《气象月刊》目录，
安徽有芜湖、怀宁两站（右）

　　气象研究所组织专人采集全国以往所有的气象记录，并于 1936 年出版了《中国之雨量》（图 16），其中收录了芜湖、霍邱等共 10 个地区的雨量资料，这是芜湖长序列气象观测资料首次在全国官方记录中出现。1940 年出版的《中国之温度》记录了芜湖、舒城、太湖、广德等 32 个台站的气温。

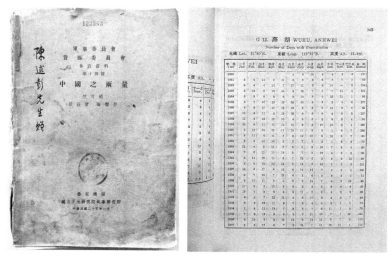

图 16　1936 年《中国之雨量》，其中收录的芜湖逐月雨量资料自 1880 年 6 月至 1933 年 12 月止，长达 54 年

3.2　民国时期的安徽气象

全国气象界和实业界有识之士不满中国气象事业的落后，他们迫切要求统一规划、统一管理的全国气象事业。为了气象事业的发展，竺可桢先生于 1928 年提出了《全国设立气象测候所计划书》[19]，1929—1937 年，中央研究院气象研究所在南京先后开办了 4 期气象学习班。在 1931 年第二期气象学习班中，安徽省建设厅首次选派宛敏渭参加学习。当时安徽省并没有专业的、可观测多种气象要素的气象测候所，在第二期气象学习班结束后不久的 1932 年 4 月 19 日，竺可桢先生写信给时任安徽省建设厅厅长程振钧，请求在当时的安徽省省会安庆筹建气象测候所，并推荐宛敏渭负责该项工作（图 17）。1932 年，安徽省建设厅向中央研究院气象研究所赊购相关气象仪器，在安庆建立了气象测候所，这是近代安徽省官办的首个正式气象观测站，同时也是安徽近代气象事业的新起点。

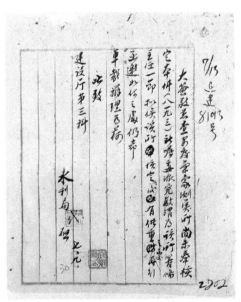

图 17　1937 年，关于派宛敏渭为安庆气象测候所筹备主任的函

安徽省建设厅气象测候所于 1934 年 1 月 1 日正式启用，每天 06 时、14 时、21 时观测 3 次，观测要素包括气压、气温、湿度、雨量、蒸发、天气现象、云量、风向、风速 9 项。当时的气象测候所位于安庆市建设厅院内，空间非常狭小，工作环境较为恶劣，

宛敏渭作为近代安徽气象事业的开创者，在气象测候所成立初期，一人独立完成了所内的气象观测、发报、记录整理、报表编制，以及仪器的维修维护等工作，另外，每日上、下午还要到电报局发两次气象电报给中央研究院气象研究所，夏、秋季飓风期间晚间则要加发一次电报，以供预报和绘制天气图之用[20]。

1937年春天，基于全国气象会议提出的各省须建设规模完备的省会测候所的要求，安徽省政府决定，在原安徽省建设厅测候所的基础上补充气象仪器，扩充建设为省会测候所，即安庆气象测候所，宛敏渭被委派为该所筹备主任，负责选购仪器和筹建相关工作。1937年7月7日，日本帝国主义制造了发动全面侵华战争的卢沟桥事变，安庆遭轰炸，当时测候所仪器未装置，于10月停办[21]。

1939年秋，安徽省政府迁至立煌（金寨），并在立煌筹建省会测候所（二等测候所），隶属安徽省建设厅，并于1940年1月开始气象观测（图18）。1941年6月，安徽省建设厅制定了《安徽省会气象测候所组织规程》《安徽省会气象测候所办事细则》等气象章程，要求测候所的观测工作要按照民国中央行政院颁发的《全国气象观测实施规程》执行，每月观测记录报表经该所主任审核后，报送安徽省建设厅、安徽省农林部、中央气象局、中央研究院气象研究所、国会秘书处各1份。1945年抗日战争胜利后，同年12月，安徽省会气象测候所随省政府迁至合肥，地址在西门内龚湾巷程氏宗祠内，后又搬至逍遥津，并于1946年1月开始观测。1946年5月15日，安徽省省会气象测候所改名为安徽省水利局合肥测候所，1947年11月1日，又改名为安徽省合肥气象测候所，1948年12月，该所迁至芜湖，并于1949年1月开始观测。

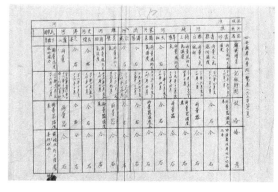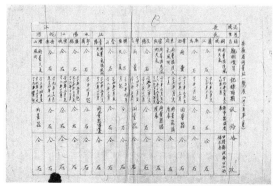

图18　20世纪40年代，安徽省雨量站一览表

4 新生：芜湖气象事业焕发生机

新中国成立后，党和政府十分重视气象工作。1952 年 1 月 11 日，芜湖气象站在芜湖市下长街 38 号建立（118°21′ E，31°20′ N，海拔高度 19.2 m，区站号为 57921）。当时，芜湖气象站每天进行 4 次定时观测（02 时、08 时、14 时、20 时）和 3 次补充观测（05 时、11 时、17 时），观测项目有气压、气温、湿度（水汽压、相对湿度、露点温度）、降水、日照、蒸发、天气现象、云、能见度、冻土、雪压、地温（0 ~ 320 cm）。

1952—1955 年，芜湖气象站历经数次搬迁，分别在芜湖市六度巷 86 号、杨家巷 67 号和张家山西 4 号进行观测，各观测场经纬度均不变，海拔高度分别为 12.8 m、11.8 m 和 14.8 m。1957 年 6 月 1 日，芜湖气象观测站区站号变更为 58334，并一直沿用至今。

1953 年以前，由于芜湖气象站实行军事化或半军事化管理，该站在很长一段时间都带着神秘色彩——非本站职工进出需要经过审批和保密检查，天气报文也属于军事秘密需要加密处理。在那个年代，气象工作者的生活如同"苦行僧"，他们在简陋的工作场所里，用着较为落后的设备，过着几乎与世隔绝的生活。据曾在这里工作的老同志回忆，当时台站里除了观测仪器，办公用品就只剩算盘和各类查算表。测报人员要在规定的短短十几分钟内，在观测场内读取各种仪器的数据并进行订正、查算，随后要编辑密码电文，最终完成资料传输。每天重复这一工作，流程看似简单，但出现任何一个细小的失误都是不允许的。

与如今的气象工作者不同，那时，熟练打算盘、抄写数码、编辑密码电文是每个测报员的基本功。仅就报表编制来说，就有初作、抄录、校对、预审和审核 5 个环节。一份 20 多页的月报表，其中的数据要通过打算盘来进行反复核对，这份工作一点儿也不轻松。芜湖市气象局南陵县职工邹云水的父亲是当年芜湖气象站的工作人员，年近 50 岁的他至今仍清晰记得，在儿时的夏夜，父亲点着蚊香抄录气象报表到夜半三更的情景。他说，那时，无论刮风下雨，还是吃团圆饭的时候，只要一到观测和发报时间，父亲就会立即走出家门，只留给他一个忍受寂寞、甘耐清贫的背影。几十年后，循着父亲的足迹，邹云水走上了气象岗位；又过了几十年，邹云水的侄女也走上了气象岗位。

这便是为了新中国气象事业无私奉献、任劳任怨的老一辈气象人的身影，千千万万个如此坚定的身影凝成一束光,投射到一代又一代气象工作者的身上,接续奋斗,砥砺前行(图19)。岁月变迁,季节更迭,芜湖气象事业的发展饱含着几代气象人不懈的努力。

图19 20世纪50年代初,芜湖气象站工作人员合影

5 发展: 借改革春风现代气象茁壮成长

5.1 新技术带来业务大变革

1978年,改革开放的春风吹遍神州大地,芜湖气象工作者也抓住机遇,将气象工作融入经济社会发展大局,驶入发展"快车道"。

1978年底,芜湖气象站建成占地800 m²的雷达楼;1986年,芜湖气象部门正式使用PC-1500 A袖珍计算机开展地面气象测报业务,人工编报成为历史;1993年4月1日,芜湖气象站安装了卫星云图接收机,建立能够接收日本GMS卫星资料的地面站,实现卫星云图的实时接收和气象资料的"一机多屏"显示功能;1995年,启用"286"计算机,观测资料处理开始迈入自动化时代;1996年,建设气象卫星综合应用业务系统VSAT小站(图20 ~ 25)。

图 20　1983 年芜湖气象台观测场全景

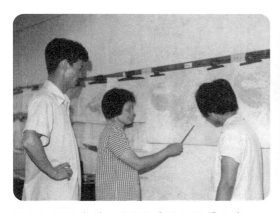

图 21　1984 年夏，芜湖气象台预报员正在
进行天气会商

图 22　1984 年 8 月，安徽省二期计算机学习班
（芜湖）同学合影留念

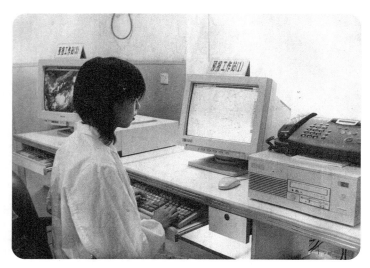 

图 23　20 世纪 90 年代，芜湖市气象台预报员应用气象信息综合分析处理系统（MICAPS1.0 版）进行天气分析

图 24　1999 年 6 月 23 日，芜湖市气象局气象卫星地面单收站开通

图 25　芜湖市气象局张家山旧址（1999 年）

　　进入 21 世纪，新一代天气预报业务系统、精细化要素客观预报系统等业务系统软件开始纷纷投入应用，森林火险气象等级指数、生活气象指数、地质灾害气象等级预报等产品不断研发问世，雷达资料综合应用系统、短时强对流天气监测预警系统等在芜湖相继投入业务使用。建成自动气象站网络，气象观测数据开始深度服务防灾减灾、森林防火、交通出行等领域。

　　由于城市快速发展，芜湖张家山观测场周边探测环境遭到了较严重破坏。2006年元旦，芜湖气象观测站正式搬迁到芜湖长江大桥气象科技园。从那时起，气象要素可以通过各种传感器自动采集，并实现连续观测和资料实时上传。大部分人工观测业务在芜湖告一段落，而气象观测密度和数据应用时效则得到大大提升。

5.2　新时代迎来现代化发展

　　在新时代，有着上百年历史的芜湖气象事业迎来了腾飞的机遇。2012年5月，安徽省气象局确定芜湖为全省率先基本实现气象现代化试点市，为芜湖市推进气象现代化奠定坚实基础。2013年6月，根据芜湖市政府城市东扩的发展布局，芜湖市气象局搬迁至城东新区大阳埠生态湿地公园南侧，新址规模相比之前扩大了近3倍，新办公楼突出徽派建筑风格，如同一幅水墨山水画，成为当地气象科普和气象文化宣传的一个窗口（图26）。2016年1月1日，芜湖国家气象观测站搬迁至大阳埠生态湿地公园内，观测站新址四周空旷，花团锦簇、飞鸟云集、景色宜人。为保护气象探测环境和设施免受破坏，芜湖市政府特别发文，承诺该站现在的站址可确保至少30年可持续观测，保证外部环境不受影响。

图26　芜湖市气象局现址（2022年）

在安徽省气象局和芜湖市委、市政府的关怀和领导下，芜湖市气象局走过了不平凡发展历程。截至 2020 年，全市共有 5 个国家地面气象观测站、190 个自动气象站及 1 部风廓线雷达，气象灾害监测网络系统初步建成；城区、重点气象灾害隐患区域的监测分辨率达 3 ~ 5 km；积极开展"芜湖市预报预警一体化平台"网格预报产品以及延伸期客观化气候预测产品的应用；开展重污染天气气象条件预报预警和大气污染扩散条件预报技术研究，实行大气污染扩散条件预报常规化；开展大城市精细化预报服务、山洪地质灾害防治精细化预报、乡镇精细化气象要素预报及检验业务。充分利用社会媒体以及政府网站、气象微信、微博、广播、报纸、手机短信以及气象预报预警电子显示屏等多种手段向社会公众发布和传播各类气象信息，强化气象防灾减灾知识科学普及，提升公众的防灾减灾意识和自救互救能力；坚持以"三农"气象服务专项建设为抓手，针对超级稻、水产养殖、特色经济水果（蓝莓、葡萄、桃子、猕猴桃等）及家禽开展特色农业气象服务，推进气候好产品品质评价工作，申报评选"安徽避暑旅游目的地"。先后出台《芜湖市突发事件预警信息发布管理办法》《芜湖市气候资源开发利用和保护办法》《芜湖市人民政府关于进一步加强防雷安全监管的意见》《芜湖市人工影响天气管理办法》等，气象现代化发展环境不断优化；与科技、农业、文旅等多部门密切配合，实现多部门共推、共建和共享气象现代化。

5.3　新使命坚守初心筑防线

守住气象防灾减灾第一道防线，是气象工作的重要职责，也是人民群众对气象工作最大的需求。回顾过往，2008 年的冰雪、2012 年的台风"海葵"、2016 年的历史罕见强降水、2019 年严峻的旱情和森林防火形势、2020 年历史罕见的超强梅雨期……在自然灾害面前，芜湖气象用一次次贴心周到的气象服务，为市委、市政府应对风险挑战、赢得主动先机提供了有力保证，为江城百姓生命财产安全守住了"第一道防线"。

2020 年，我国长江流域出现了严重的汛情，位于长江中下游的芜湖市汛情之危急历史罕见，梅雨期长达 52 天，累计平均降水量为有完整气象记录以来同期最多，长江芜湖段全面超警戒水位，境内中小河流全面超保证水位、超历史水位，长江芜湖站最高水位达 12.76 m，仅次于 1954 年的 12.87 m。

2020 年 7 月 3 日，芜湖市气象台根据智能网格预报产品，结合大数据平台的实况历史资料分析，得出芜湖市将迎来一次强降水过程的预报结论。在和安徽省气象台会商后，芜湖市气象局立即制作《天气信息专报》报送芜湖市委、市政府和各防汛责任人。这份"4日以后芜湖将出现大到暴雨，局地大暴雨天气"的《天气信息专报》引起了市委、市政府和各防汛责任人的极大关注。

历史上，芜湖曾多次面临上有陈村水库及徽水下泄、下有长江高水顶托和本地强降水及高底水"三碰头"的不利局面。这一局面一旦形成，防汛就到了最吃紧的时刻。其中，青弋江上游的陈村水库是对芜湖防汛影响最大的因素之一，该水库由安徽省水利厅直接管理调度。而至2020年7月3日，陈村水库即将到达汛限水位，且水位仍在继续上涨。

市委、市政府领导高度重视，立即组织召开会商会。陈村水库是否提前泄洪，不仅关乎经济社会发展，更关乎人民生命安全。泄洪还是不泄洪？成为压在每一个参会人员心中的巨石。根据同省气象台的天气会商意见，芜湖市气象局提出："我市及黄山地区4—6日将有一次明显降雨过程，累计降水量可达150～200 mm，局地超过300 mm。"芜湖市水文局表示，这个降雨量意味着陈村水库将上涨1～2 m。

坚持"人民至上、生命至上"的原则，芜湖市防汛指挥部立即向省防汛指挥部建议陈村水库泄洪。7月3日20时30分，陈村水库中孔全开泄洪，下泄流量在次日8时达到1190 m^3/s。泄洪期间，芜湖市气象局做好"叫应"工作，实时监测流域内雨情情况，与水务、水文局及时会商，提供6小时实况监测和逐日滚动预报，保障了泄洪期间的流域安全。

强降雨如期而至。7月5—6日，芜湖市出现强降雨过程，降水实况与预报基本吻合，至7月7日上午8时，长江芜湖段超警戒水位0.23 m，达到了11.43 m且持续上涨。除了长江外，青弋江、漳河、西河、裕溪河等主要支流也全部超过警戒水位，部分河段接近保证水位。由于预报准确，陈村水库提前泄洪，芜湖市防汛形势处于可控阶段，此次气象服务也因此得到芜湖市决策层的一致好评。

"要始终将确保人民群众生命安全放在第一位，陈村水库提前泄洪是一次坚守人民至上、生命至上的成功案例，继续加强气象监测预报预警，为新一轮强降雨做好准备。"2020年7月13日，时任芜湖市委书记潘朝晖在市防汛抗旱指挥部会议上指出。

保人民生命财产安全就是保胜利。在2020年汛期气象服务中，芜湖市气象局努力发挥气象防灾减灾第一道防线作用，积极奋战，全力投入。面对 52 天超长梅雨期、累计平均降水量 964 mm、为历史第一的严峻形势，芜湖全市气象部门坚持人民至上、生命至上，以高度的政治责任感和使命感，坚守岗位，连续作战，履职尽责，在 50 天超长应急响应状态下，开展贴身"管家式"24 小时不间断服务；面对长江、内河、无为大堤"三线作战"的严峻汛情，突出全天候会商，强化研究型业务成果应用，开展中小河流流域、山洪地质灾害精细化预报，建立重大气象灾害预警信息全网发布机制。报送"重大气象信息"等决策服务材料 634 期，发布暴雨、雷电等各类预警信号 243 次。为陈村水库泄洪蓄洪、无为大堤保卫战等重大决策提供有力的科学支撑，为全市防汛保住人民群众的生命安全、保住万亩以上的圩口和水库、保住重要基础设施的目标贡献了气象力量。

"水情是芜湖最大的市情，水患是芜湖最大的隐患。"芜湖市委、市政府把抗洪工作作为压倒一切的中心工作、首位工作，正是这样的强大决心和坚定毅力才确保了人民群众生命安全，确保城区、县城和重要基础设施不淹，确保万亩以上圩口不破……全市上下团结一心打赢了 2020 年这场防汛抗洪的硬仗！

有中国共产党坚强有力的领导，有科学有效的应对方案和军民大团结，我们就有底气、有能力不断地战胜各种灾害与挑战。同样，筑牢气象防灾减灾第一道防线，守护芜湖父老乡亲、守护芜湖人民的美好家园，气象人正严阵以待，也必将全力以赴。

5.4 新起点瞄准目标展未来

百年气象护江城，风雨兼程谱华章。芜湖气象事业从历史的深处走来，向灿烂的未来走去，凝聚和展示了芜湖气象人甘于奉献的光荣传统和勇于创新的时代精神。站在新的历史起点上，芜湖气象事业将秉承百年传统，紧紧围绕"四个全面"战略布局，瞄准实现更高水平气象现代化的目标，发展智慧气象，当好皖江发展排头兵，为高水平全面建成小康社会保驾护航。

参考文献

[1] 芜湖市地方志编纂委员会 . 芜湖市志：上册 [M]. 北京：社会科学文献出版社，1993.

[2] 戴国芳 . 近代芜湖米市兴衰的原因及其影响 [J]. 长江大学学报（自科版），2006（5）：203-208.

[3] 董首玉 . 航运近代化与皖江地区的开发（1877—1937）[D]. 合肥：安徽大学 .

[4] 吴勇 . 芜湖港：通江达海百年芜湖港见证巨变 [J]. 中国水运，2018，603（12）：2，1.

[5] 张家康 . 风雨沧桑中的近代芜湖海关 [J]. 江淮文史，2020，156（6）：97-110，1.

[6] 许宗茂 . 清光绪年间芜湖海关华洋贸易论述 [J]. 上海海关学院学报，2020，41（3）：57-65.

[7] 汪明，木易 . 芜湖海关史料（1922—1931 年）[J]. 安徽史学，1989（1）：65-71.

[8] 王其端 . 皖江航运服务集聚区建设条件及对策 [J]. 水运管理，2019，41（10）：4-7.

[9] 芜湖市文物局 . 芜湖旧影甲子流光 [M]. 合肥：安徽美术出版社，2019.

[10] 杨秀云 . 赫德与晚清中外约章研究 [D]. 长沙：湖南师范大学，2014.

[11] 刘蕾，高辉，张丽等 . 近 140 年芜湖地区降水量年代际变化特征 [J]. 水土保持研究，2021，28（5）：114-120.

[12] 吴增祥 . 中国近代气象台站 [M]. 北京：气象出版社，2007.

[13] 杨潇然 . 安徽近代天主教堂形式研究（1860—1936）[D]. 合肥：合肥工业大学，2017.

[14] 张笑笑 . 芜湖近代建筑研究 [D]. 杭州：浙江大学，2017.

[15] 顾长声 . 传教士与近代中国 [M]. 上海：上海人民出版社，1981.

[16] 曹莹 . 民国时期气象专业期刊及气象科技发展 [D]. 南京：南京信息工程大学，2018.

[17] 温克刚 . 中国气象史 [M]. 北京：气象出版社，2003

[18] 王东，丁玉平 . 竺可桢与我国气象台站的建设 [J]. 气象科技进展，2014，4（6）：67-73.

[19] 张敏 . 近代云南气象台站发展历程研究 [D]. 南京：南京信息工程大学，2017.

[20] 吴增祥 . 1949 年以前我国气象台站创建历史概述 [J]. 气象科技进展，2014，4（6）：60-66.

[21] 孙毅博 . 国立中央研究院气象研究所与民国气象测候网建设 [C]// 中国科技史学会 . 第三届全国气象科技史学术研讨会论文集，2017.

洪水记录标识牌
——讲述 1931 年芜湖大洪水的惨痛记忆

张　丽　孙大兵

（芜湖市气象局，芜湖 241000）

摘要：通过珍藏在安徽气象博物馆的一件珍贵文物——民国二十年洪水记录标识牌，追忆了 1931 年江淮大洪水的水灾中芜湖地区的灾情实况。这次水灾被认为是 20 世纪以来导致死亡人数最多的自然灾害。文章分析认为，该灾害产生的自然原因是长梅雨、暴雨以及台风等多种气象灾害的共同影响，导致长江干流和主要支流的河道等多处溃决。其背后的社会因素，一方面当时的中国在国民党统治下，内忧外患、国穷民困、民政不治、水利失修；另一方面国民党的官僚政治体系腐败，各级官吏纷纷利用赈灾之机贪污舞弊、中饱私囊，完全不顾灾民死活。同时对比分析了 2020 年芜湖大洪水的实况和政府的应对措施，客观地体现了新中国成立后政府治理能力的先进性。同时也表明，洪涝灾害虽然可怕，但只要有中国共产党坚强有力的领导和科学有效的应对方案，洪涝带来的损害将会降到最低。

关键词：1931 年，洪灾，记忆，气象文物，水位标识牌

　　安徽气象博物馆珍藏着一件不同寻常的文物——民国二十年洪水记录标识牌（图 1），即 1931 年大洪水时芜湖市境内长江最高水位的标识牌。这个青铜铸成的水位标识牌是十几年前一位渔民在芜湖 12-13 号码头捕鱼时无意中打捞上来的。90 多年的时光过去了，再次翻阅那些留存的老照片和老资料，那年洪灾的惨痛记忆依然让人触目惊心。

　　1931 年出现了近代史上以江淮地区为中心的罕见"长历时大范围"的特大洪水，长降水自 6 月中旬持续到 9 月中旬，历时近百天，遭受洪水不同侵害的省份达 23 个之多，其中

本文已发表于《安徽档案》2021 年第 1 期。
资助项目：安徽省气象局科研面上项目（KM202006）。

安徽省受灾最为严重[1]。受灾的主要自然原因是长梅雨、暴雨以及台风等多种气象灾害的共同影响，导致长江干流和主要支流的河道等多处溃决[2]。这次水灾被广泛认为是 20 世纪以来导致死亡人数最多的自然灾害[3]。死亡人数粗略估计在 40 万到 400 万人之间。其中，长江流域泄洪区的死亡人数达 14.5 万人，受灾人口 2850 万人。地处长江下游枢纽的水乡芜湖市由于两江交汇，襟江带河、水网交错，大部分区域地面标高仅有海拔 8 ~ 12 m。长时间的强降水造成了长江和内河竞相上涨的险恶形势，全市水位逐渐上涨，多处破堤。站在赭山顶上举目四望，全市如同一个大湖。市内商业区如长街、二街、陡门巷等地都浸泡在几尺深的水里。最繁华的中山路上，大水越过了中山桥顶，上面可以推舟行船。据当时《华北日报》发自上海的报道称，因为芜湖"水涨一寸并持续上涨"，连日来饿死江边百姓数百人，许多尸体沿江水顺流而下。上海的"芜湖水灾会"对灾情作出统计，共有灾民近 42 万人，死亡 4400 余人，等待救助的灾民共 37 万人，其中被大水毁掉家业无家可归者 22 万人[4]。

图 1　民国二十年洪水记录标识牌

许多灾民栖息在房顶上，上有倾盆大雨，下无果腹之粮，街上到处都有"小孩卖了，谁要小孩"的呼叫声。据当时报载，"城区房屋倒塌，庐舍飘没，江面船只被风击沉"，仅 1931 年 8 月 26 日早晨，因"圩堤续溃"溺毙者就达 4000 多人。至于其城乡灾民，则多达 41.8 万余人[5][6]。图 2 与图 3 为当年水灾情景。

图 2　1931 年《图画时报》：芜湖大马路上街道摆渡行船

图 3　1931 年《图画时报》：芜湖石板港（花津路）上水深过膝

　　水灾发生后，国民党政府于 1931 年 8 月 16 日，在上海紧急特设了南京国民政府救济水灾委员会（以下简称"救灾会"），由宋子文、许世英、余庆澜等人负责，宋子文兼任会长，并聘请了 100 多位救灾委员进行紧急救灾。救灾会设秘书处和调查、财务、会计、稽核、防疫、运输及灾区工作七股处 [7]，并在安徽地区先后投入了数批赈济款和救灾物资。水灾发生后，民间义赈活动也活跃起来，在上海的安徽籍人士很快成立安徽水灾赈济会，北京和苏杭等地同乡会也发起募捐。安徽省内各处灾害救济团体也相继成立，社会各界踊跃捐款救济。各类赈济活动的开展虽然一定程度上缓解了灾情，救济了灾民，帮助洪灾之下的安徽暂时渡过了难关[8]，但总体来说，1931 年洪灾中的救助能力和救灾效果仍然有限甚至微不足道，主要有两个方面的原因。

其一，当时的中国在国民党的统治下，外患内忧，国穷民困，水灾发生时国库空乏，国民党政府真正拨给安徽省的急赈款只有 17 万，其余的所谓"巨额救灾款"，一部分来自向美国赊借的小麦面粉款，一部分来自政府发行的水灾公债，以及各方面的捐款。由此可见，当时的国民党政府在大面积的严重天灾面前只能是勉强应付。其二，国民党的官僚政治体系腐败，各级官吏纷纷利用赈灾之机贪污舞弊中饱私囊，完全不顾灾民的死活。以安徽为例：安徽省政府主席陈调元将国民政府于 9 月拨给安徽的急赈款 30 万元扣留不发，使得嗷嗷待哺的灾民死亡无数，仅皖北 26 县就死亡 6 万余人。南陵县长违背安徽省政府制定的米粮流通禁运令，公然收受米商的贿赂，并与其他官吏瓜分赃款。芜湖粮站办事处主任李思义盗卖赈麦 490 余石供自己花天酒地享受。对广大灾民来说，可谓是先遭天灾后遭人祸[9]。

2020 年的汛期，受超长强降水的影响，芜湖再次遭受到了超强洪魔的袭击。7 月 21日 12 时 9 分，长江芜湖站高潮水位达到 12.76 m，超警戒水位 1.55 m，距离历史最高水位仅差 0.11 m。但是，2020 年不再是 1931 年，在中国共产党的领导下，今天的芜湖拥有了更大的决心、更多的信心和更强的能力。大江大河容颜未改，然而大坝大堤早已脱胎换骨。改革开放后，芜湖被列为全国首批 25 座重点防洪城市之一。这些年来，芜湖像愚公移山、燕子筑巢一样，兴建了一大批河道堤防、水库、涵闸、分洪道和排水等工程，这些大型防洪水利设施成了抵御洪灾的坚固铠甲。2020 年抗洪期间，政府制定的抢险救灾方案科学及时，人员物资准备充足，各种高科技设备、手段被广泛应用，领导干部身先士卒靠前指挥，全市上下各级各部门各单位各家庭全部自觉投入到抗洪抢险中，主动支持救灾前线各项工作。最终确保了人民群众生命安全，确保了城区、县城和重要基础设施不淹，确保了万亩以上圩口不破……全市上下团结一心，打赢了 2020 年这场防汛抗洪的硬仗！

人类在大自然面前是十分渺小和无助的。但是只要有坚强有力的领导，科学有效的方案，军民一家的团结，充沛丰富的保障，我们就有底气有能力不断地战胜各种灾害与挑战。长江奔涌，大河滔滔，洪水带来的威胁一直存在，但是我们必将全力以赴，筑牢气象防灾减灾第一道防线，守护我们的父老乡亲生命安全、守护我们的家园岁月静好。

 参考文献

[1] 章淹 . 1931 年江淮异常梅雨 [J]. 水科学进展，2007，18（1）：8-16.

[2] 张小玲，陶诗言，卫捷 . 20 世纪长江流域 3 次全流域灾害性洪水事件的气象成因分析 [J]. 气候与环境研究，2006，11（6）：669-682.

[3] 汪志国 . 论近代安徽自然灾害的成因 [J]. 池州学院学报，2007，93（5）：70-76.

[4] 谈群 . 1931 年安徽水灾社会致因新论 [J]. 安徽农业大学学报（社会科学版），2020，29（2）：130-134.

[5] 吴德华 . 试论民国时期的灾荒 [J]. 武汉大学学报（社会科学版），1992，109（3）：112-118.

[6] 岳谦厚，董媛 . 再论 1931 年鄂豫皖三省大水 [J]. 安徽史学，2012（5）：116-126.

[7] 孔祥成，刘芳 ."助人自助"与"建设救灾"：1931 年江淮大水灾后重建观念及其措施研究 [J]. 中国农史，2012，31（4）：80-89.

[8] 汪志国 . 民国时期安徽淮河流域的自然灾害及灾害救助 [J]. 灾害学，2009，24（3）：109-115.

[9] 许亚洲 . 1931·江淮洪波劫 [J]. 文史精华，1999（6）：25-31.

延安时期气象事业的发展研究和启示

司红君[1]　石　妍[2]　付　伟[3]　魏秋实[1]

（1. 无为市气象局，无为 238300；2. 中国气象局华风集团，北京 100081；

3. 芜湖市气象局，芜湖 241000）

摘要： 本文对延安时期气象事业发展的历史背景、开放合作，清凉山气象训练队、陕甘宁边区、晋冀鲁豫解放区以及延安气象台的建设、人才培养及业务工作等内容进行了系统研究。在对延安时期气象事业发展的研究过程中，领悟到了四点启示：一是坚持党的领导，二是注重科技创新和人才队伍建设，三是实现自力更生与开放合作的有机统一，四是团结协作和无私奉献。基于这四点启示提出"延安时期气象精神"。新时期的气象工作者要秉承延安时期气象精神，以习近平新时代中国特色社会主义思想为指导，不忘初心、牢记使命，努力为我国气象事业的高质量发展贡献力量。

关键词： 延安时期，延安精神，党的领导，气象事业，气象精神

 引言

1935 年 10 月 19 日，中共中央和毛泽东率领中央红军到达陕甘革命根据地吴起镇。延安时期就是指 1935 年 10 月 19 日至 1948 年 3 月 23 日这近 13 年时间。正是这 13 年，为中华人民共和国的诞生奠定了坚实的基础，也孕育和发展了我们党领导的人民气象事业。

历史研究的意义在于以史为鉴并知其兴替，从古今人事变迁当中汲取经验和智慧，并为当下社会主义建设服务[1]。气象事业的革命历史，同样值得我们当今的气象工作者们认真研读和学习。研究延安时期气象事业的发展，进一步继承和发扬延安精神，增强

本文已发表于《第五届全国气象科技史学术研讨会（2021）论文摘要集》。

资助项目：安徽省气象局科研面上项目（KM202006）。

气象工作者的使命感、荣誉感，从而引导气象部门广大党员不忘初心、牢记使命，为新时代气象事业高质量发展不懈奋斗。

1 延安时期气象事业发展

1.1 清凉山气象训练队

1.1.1 历史背景

美国对日作战，不仅轰炸日本在我国东北的军工厂、军营、重要的桥梁和战略设施等，还要轰炸日本本土的战略设施[2]，在其轰炸日本国土返回中国大陆时，往往因油料不足在华北地区迫降，急需我各解放区的气象情报。此外，美机经常往返于延安、重庆，除依靠延安美军观察组气象台外，还需要延安周边地区的气象情报资料。因此，美国方面提出了在解放区各地建立气象观测站点的迫切需要。

1944 年 7 月 22 日，以包瑞德上校为组长的美军观察组首批人员乘专机抵达延安。这次的美军观察组进驻延安不是普通的访问，而是中国共产党在国际事务上的开展，是外交工作的伊始[3]。

在中国共产党的同意和帮助下，美军观察组于 1944 年秋天在凤凰山麓下建立了气象台，气象台的工作人员仅有六七人，主要观测工作有地面气象观测和高空气象观测，预报工作主要是做航站预报，重点进行飞机起降的气象保障工作。

为维护主权与民族尊严及适应我军与同盟国联合对日作战的需要，军委三局局长王诤根据中央军委指示与美方进行谈判。经多次商谈，达成以下 4 点协议：一是由中方组办气象测报人员训练班，美方派员协助训练；二是预定在陕甘宁边区及华北各根据地建立 20 个气象站，每站 1 人，气象观测与无线电报由 1 人充任；三是由美方提供所需气象观测仪器及无线电通信器材；四是气象情报资料由三局通信总台统一收集后交美方[4]。协议达成后，中方决定抽调学过气象的工作人员到美军观察组气象台同美方人员一起训练学员，并开始筹备建立陕甘宁边区和各解放区的气象观测站。

1.1.2 训练队的建立

清凉山气象训练队在军委三局的领导下，于 1945 年 3 月开学，又被称为陕甘宁晋绥联防军司令部无线电通信训练队第四区队。这是中国共产党历史上首个气象训练队，刘克东任队长，教员是美国人，张乃召担任翻译，同时也承担一部分教学任务。学员从军队和地方选派，共 21 人。

气象训练队的课程有气象、美军通报规则和报话机的使用。气象课的主要内容有：气象常识，气温、气压、湿度、风向、风速、能见度、云的类型及云高、云向等项目的观测方法，气象仪器的使用，气象电报的格式等[5]。

气象训练队开学时，军委三局局长王诤勉励大家克服困难，努力学习，尽快掌握气象观测技能，早日开展解放区的气象观测工作。当时，教学条件较差，教室设在土窑洞，没有桌椅板凳，学员们只好用双膝当桌，石头为凳。书写用纸非常匮乏，有的学员找出线装书、旧讲义，把笔记写在书本空白处；墨水买不到，学员们就用锅灰水替代。伙食方面也十分艰苦，好一点的口粮是小米和南瓜，有时，一连几天吃的都是黑豆。晚上，七八个人合睡在一个茅草铺的土炕上。气象训练队队长刘克东在《忆延安清凉山气象班》[6]中，这样概况了当时的情况：

清凉山麓初春寒，我党始建气象班；
土窑土炕石桌凳，破旧棉衣仍需穿。
骨肉虽寒心里热，四月计划百日完；
迎来五月红烂漫，满载硕果赴前线。
华北分建测报站，预知天候军民欢。
发展经济利抗战，狼奔豕突敌混乱。
赢得日寇投降时，气象又把辉煌添。

由此可见，当时艰苦的学习生活环境并没有使这群年轻人望而却步，反倒磨炼了他们的革命意志，培养了他们艰苦朴素、锐意进取的工作作风。经过 3 个月的紧张训练，学员们掌握了气象观测技能和发报技术。

1.1.3 训练队结业

1945 年 5 月，训练队学员正式结业，这是我党我军历史上的第一批气象工作者。叶剑英参谋长在训练队结业典礼上，亲自草拟、签发了观测员须知和气象观测工作细则，对气象报告、详细观测项目与方法等规章制度也作出了一系列规定。叶剑英参谋长在结业典礼上对学员们讲道："你们开始的气象工作，是我党气象事业诞生的标志，也是同志们的光荣,将来我们要有自己的海军、空军,要有气象保证。"[7] 同时,他鼓励学员们毕业后要积极到各个需要他们的地方去完成气象观测任务。

学员毕业后,被分配到各解放区。除延安气象台外,当时还建立了6个气象观测站:陕甘宁边区的定边、米脂、庆阳;晋冀鲁豫解放区的涉县赤岸观测站、晋冀鲁豫军区(清丰)观测站和太行军区观测站。这是我党历史上第一批气象站[8](图1)。

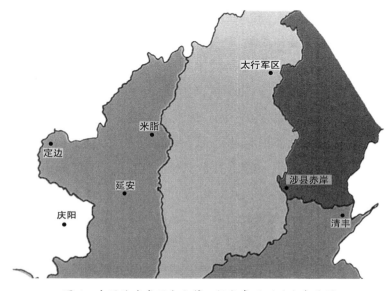

图1 中国共产党历史上第一批气象观测站点布局图

1.2 陕甘宁边区的气象工作

1945年5月,为了保证美军飞机来往延安的飞行需要,中央军委从清凉山气象训练队抽调周文彩、房士奇、张升富3名学员分别在陕甘宁边区的定边、米脂、庆阳建立了3个气象观测站。观测项目有:天气现象、温度、湿度、气压、风速风向、云状、云量、云高、云向、能见度等。每天观测两次,观测记录编报后发到延安通信总台,然后转到美军观察组。

各观测站人员认真负责,因为深知自己的工作关系到飞机飞行安全,关系到对日轰炸成功与否,关系到党和军事领导人的安全,所以这些年轻人克服一切困难,每天按时完成观测项目,及时传回气象电报。信息的准确传递获得中央军委及美军观察组的赞许。

1.3　晋冀鲁豫解放区的气象工作

晋冀鲁豫解放区是刘邓大军在抗日战争期间在敌后开辟的解放区，跨越四省，地域辽阔。为了支持美军对日军实施轰炸的飞行需要，1945 年，中央军委从清凉山气象训练队抽调 3 名学员派往该解放区，建立了 3 个气象观测站，分别是晋冀鲁豫军区涉县赤岸观测站、晋冀鲁豫军区（山东）观测站、太行军区观测站。

晋冀鲁豫军区涉县赤岸观测站观测员为葛士民，晋冀鲁豫军区（山东）观测站观测员为胡友训、太行军区观测站观测员为王振海。观测站每天早晚各观测 1 次，观测项目有：云状、云量、云高、云向、风向、风速、温度、湿度、气压、天气现象、能见度等。包瑞德在回忆录中写道："共产党人给我们提供了很大的帮助，无线电发布了一些消息后，接着又播送了天气情报。某一方向的云的形状，诸如积云、卷云等将要被记载下来，描述云的特殊术语播送时'不多也不少'"。

抗日战争胜利后，晋冀鲁豫解放区气象观测站的美军观察组撤离。1946 年 9 月，气象观测也相继停止。

1.4　中国共产党历史上第一个气象台——延安气象台

1.4.1　成立

1945 年 8 月，日本宣布无条件投降。美军观察组在延安设置的气象台也即将撤销。根据中央对抗战胜利后形势的预测，在美军观察组撤离之前，必须培养一批我们自己的气象专业干部。

中央军委指派张乃召具体负责，接收美军延安观察组气象台，组建我党我军历史上第一个气象台——延安八路军总部气象台[9]。1945 年 9 月，延安气象台在凤凰山下正式成立，由军委三局领导，张乃召为负责人，工作人员还有毛雪华、周鲁女、曾宪波、邹竞蒙和陈涌珉，他们是从延安大学自然科学院选调而来。不久又从军委三局调来谌亚选协助张乃召工作。1946 年 2 月，傅涌泉、苏中、张丽、杨丰年 4 人也先后从抗大七分校、陕甘宁边区政府调来，延安气象台人员增加到 11 人。

延安气象台的这些工作人员，大都具有较好的政治条件和文化基础。张乃召是中共党员，1937 年大学毕业。其余人员大多出身于革命家庭，有的是革命烈士子女。邹竞蒙、毛雪华、陈永珉、苏中、傅涌泉等也是中共党员。他们憧憬着革命成功后，当一名科学家、工程师，为新中国的建设做贡献。但当革命形势的发展需要他们从事气象工作时，他们都以革命利益为重，毫不犹豫地服从组织安排。

1.4.2　业务培训

气象业务培训是延安气象台的主要工作之一。张乃召给学员们讲授天气理论知识，使用的教材是美军留下来的新近出版的气象书籍和刊物。他一边翻译一边给大家授课，因此，学员们接受到的都是当时世界上较新的气象理论知识。业务学习课程有：地面观测、小球测风、无线电探空、无线电测风和制氢[10]。学员们仅用了三周时间，就掌握了值班操作技能。

当时，党中央对气象工作十分重视，毛泽东把他的侄子毛雪华送来学习，并将他个人收藏的《自然地理学》等与气象有关的书籍送给气象训练班。周恩来、董必武从国民党统治区搜集大量的气象图与资料送回延安，后又送到河北平山县，为培养人才和提高业务技能增添了新的知识与情报[11]。

延安气象台的工作人员除了要掌握气象观测技能外，还要求会报务工作。为此，由张乃召主持，大家有计划地学习其他相关知识和技能。经过学习，气象台工作人员基本掌握了无线电收报、发报和通报技术。

1.4.3　业务工作

气象观测是延安气象台的主要业务，观测项目主要有：地面观测、高空风观测，以及高空温、压、湿探测。地面观测的项目分目测和器测两种：目测项目有云状、云量、云高、云向、能见度、天气现象；器测项目有气压、温度、湿度、风向、风速、降水等。高空温、压、湿探测，每天观测 1 次，观测后立即整理资料，编码发报。每月月底，气象台工作人员还分工负责，填报月总簿（图 2），年底填报年总簿[5]400-401。

延安气象台成立前后，正值国共重庆谈判期间。毛主席等中央领导人要乘坐飞机往返于延安与重庆、南京、北平等地。因此，延安气象台肩负了一个非常重要的任务，就是飞机飞行安全的气象保障。气象台每天进行定时观测，必要时加密观测，主要是提供延安本地当日天气实况及短时单站天气预报，为飞机起飞、降落于延安机场服务。

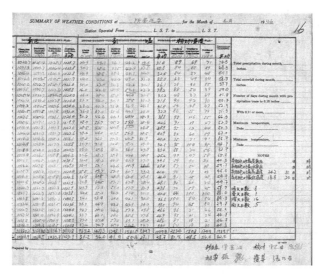

图 2　延安气象台气象观测记录

1.4.4　中美气象人员的交流与合作

美军气象人员在延安和我方气象人员朝夕相处，一起工作，亲眼看到延安的进步民主，亲身体会到我方气象人员的真诚、负责精神，改变了对共产党和解放区的看法，澄清了国民党歪曲事实的舆论宣传。对于我党我军而言，在美军气象人员来延安之前，解放区没有气象系统。凭借清凉山气象训练队的培训，我党我军培养了一批知识和技术扎实的专业气象人员。据美国历史学家卡萝尔·卡特记载："男女都被分配来接受训练，成为气象观测员，让他们学会如何测量气温、估算云量及在预期的时间将数据送回。"[12] 我方积极配合美军观察组，不仅把搜集到的日军情报与其分享，还为美方收集气象情报提供便利，帮助设立气象站[13]。

在友好相处的日子里，中美气象人员相互交流与合作，建立了感情，发展了友谊，留下了难以忘怀的美好记忆。抗日战争结束后，美军观察组气象人员在撤离时给解放区留下了许多气象仪器和通信器材。气象人员对此倍加爱护，精心管理各种器材、仪器设备，保证它们不受损坏，即便转战时期都不曾放弃。这些器材在解放战争中也发挥了很大作用，为以后的教学提供了很大帮助，也为后来新中国的气象建设发挥了重要作用。

1.4.5　转战山西、河北

1947 年，胡宗南对延安发动猖狂进攻，延安气象台改称军委三局气象队，并于 3 月

14 日随中央机关撤离延安。气象台人员担负着贵重仪器、通信器材安全转移的任务，经瓦窑堡、绥德，过黄河，于 1947 年 6 月到达山西临县三交镇王家沟，并在这里安定下来[4]。1948 年 2 月，延安气象台由山西王家沟向晋察冀边区转移，到达聂荣后，兵分两路先后到达河北平山县王家沟（图 3）。

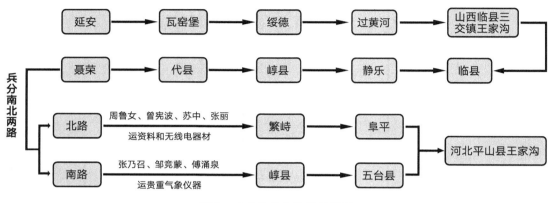

图 3 延安气象台转移路线图

从延安撤离后，气象台便不再承担航空飞行的观测和预报任务。但气象观测工作从未中断。高空探测每天进行 2 次，放小气球 2 次。探空测高一直到信号消失为止，一般可达 20000 m，最高达到 25000 m[14]。1948 年 8 月 18 日，张乃召率邹竞蒙、曾宪波、张丽、傅涌泉、周鲁女、苏中（仅剩 7 人），带着气象器材和资料，到达华北军区电信工程专科学校（驻河北省获鹿县），担任该校陆空通信气象专业队（班）的教学工作，张乃召任专业队队长。

从 1947 年 3 月撤离延安到 1948 年 8 月调往华北电专，历时 1 年零 5 个月，其间，延安气象台（军委三局气象队）人员先后 3 次转移，共计行程 2000 余 km。在此期间，延安气象台的工作人员克服艰难险阻，完好保存了气象仪器、通信设备和相关学习资料。

1.5 东北解放区的气象工作

1946 年，东北解放区在通化成立了东北民主联军航空学校，训练处下设气象台。气象台当时的主要仪器全是日本投降后被我方接收的，又重点加以装备，因此比较先进齐全。航校还积极举办气象专业培训班，培养了我党第一批空军气象人员，为人民解放战争的胜利和新中国气象事业的创建奠定了基础。

为了适应人民空军的迅速发展，保障空军飞行训练的需要，1949 年 6 月，上级决定以老航校气象班的 12 名学员为骨干，组建了东北区的齐齐哈尔（大乘寺机场）、长春（大房身机场）、沈阳（北陵机场）、公主岭、牡丹江（海浪机场）等 5 个机场气象台。1949 年 12 月，中央军委命令，以东北老航校为基础，分别在哈尔滨、长春、锦州、沈阳（北陵）、济南、北京（南苑）、牡丹江成立了 7 个航校，各航校都建立了气象台，原东北老航校气象班的学员大都担任了各航校气象台台长或负责人。1949 年底，东北军区成立气象处，负责领导气象台的业务工作，从此东北的气象工作走上了正规化和快速发展的道路。

1.6　华北解放区的气象工作

1947 年，中国人民解放军由战略防御逐步转入战略进攻，随着邯郸、邢台、石家庄相继解放，晋察冀、晋冀鲁豫两大解放区连成一片。1947 年 5 月，晋察冀军区电信工程专科学校在冀中地区招收 80 多名新生，组成陆空通信班（编制序列为第二大队第四队），为将来建立人民空军培养陆空通信人才，主要学习陆空通信知识，兼学气象知识。

1948 年 5 月 9 日，晋冀鲁豫军区通信学校合并晋冀鲁军区电讯工程专科学校、军委三局电讯队、军委气象队，在获鹿李家庄（现河北省石家庄市鹿泉区大李庄）组建华北军区电信工程专科学校（以下简称"华北电专"），并于 12 日正式宣布成立，它成为解放区最大的无线电通信学校。1948 年 8 月，陆空通信班的学习基本结束，考虑到人民军队将要建立空军、海军，需要大批气象人员，因此调张乃召等人到华北电专进行气象人员的培训。因当时陆空通信班学员已学了一些气象常识，故上级决定选这个班进行气象专业培训，该班因此改称陆空通信气象专业队，张乃召任队长，史平任政治指导员，邹竞蒙、曾宪波、周鲁女、苏中、傅涌泉、张丽负责课外辅导及气象观测实习。学员的主要任务是学习地面气象观测所需的气象课，同时巩固陆空通信课程。

1949 年 5 月，陆空通信气象专业队学习全部结束。组织决定，除因工作需要提前分配的学员外，其余全部调至华北军区航空处，组建华北军区航空处气象陆空通信训练队（以下简称"训练队"）。训练队继续巩固已学知识，结合实际，提高熟悉专业技能。至 1949 年 10 月 4 日，训练队训练结束。结业后，大部分学员被分配到陆海空三军、民航和有关省市从事气象工作，并成为中坚力量。他们中有的成为高级气象人才，有的成

117

为气象部门的各级领导。据统计，华北电专陆空通信气象专业队学员45人，其中，有27人从事气象工作。他们对新中国气象事业的建设和发展起了很大的作用，是新中国气象事业初建时期的骨干力量。

② 延安时期气象精神对新时代气象工作的几点启示

延安精神是中国共产党在延安时期经过长期革命斗争实践，在井冈山精神、长征精神基础上逐步总结形成的一整套革命传统和革命精神[15]。延安时期的气象工作者以坚强的毅力和大无畏的革命精神，克服重重困难，为我国的气象事业奠定了坚实的基础。延安时期气象精神也为新时代气象工作如何更好地开展带来了以下几点启示。

2.1　坚持党的统一领导

延安时期气象事业的诞生和发展过程中，始终坚持党的统一领导。在中央军委选调的气象工作人员中，张乃召、毛雪华、陈涌珉、苏中、傅涌泉是中共党员，都具有良好的政治条件。正是在党对气象事业战略判断和统领下，才培养了一批能够扛起创建新中国气象事业的优秀气象人才，人民气象事业才能逐渐发展壮大。

新中国成立70多年来，在党的领导下，气象事业紧贴国家、时代和人民的要求，实现健康持续发展。今天，我们坚持以习近平新时代中国特色社会主义思想为指导，把党的领导体现和贯穿到气象事业改革发展各方面各环节，确保气象改革发展和现代化建设始终沿着正确的方向前行。

在党的领导下，气象部门努力做到监测精密、预报精准、服务精细，充分发挥气象防灾减灾第一道防线作用；在党的领导下，气象事业紧紧围绕国家发展和人民需求，建成了世界上保障领域最广、机制最健全、效益最突出的气象服务体系[16]。这些成功实践让我们深刻地认识到，坚持党的全面领导是气象事业高质量发展的根本保证。

2.2　注重科技创新和人才队伍建设

延安时期的气象事业是在战火中诞生和发展的，在美军观察组入驻延安之前，我党我军没有气象观测仪器，也没有人员进行气象观测和预报业务。为了迅速将解放区气象事业建立起来，八路军参谋长叶剑英亲自找张乃召谈话，鼓励他同美方人员搞好合作，学习先进的气象科学技术，并立即成立清凉山气象训练队，建设我们的气象人才队伍。

知识就是力量，人才就是未来。延安时期，人民气象事业的发展晚于西方资本主义国家，人才队伍的建设也亟待提高。但在党的坚强领导下，涌现出了一批气象事业的开拓者，他们视科技和人才为气象事业发展的关键，充分发挥主观能动性，坚持用科学的理论武装头脑，为新中国的气象事业发展攒下了"第一桶金"。

现阶段，我国气象科技创新由以跟踪为主转向跟跑并跑并存的阶段[16]。我国气象工作得以顺利开展并发展壮大，得益于人才队伍的建设[17]。从硬件上看，我国气象事业发展已居世界前列，但气象软实力还有很大的进步空间。我们虽然有一定数量的高层次人才，但在人才规模与质量上竞争力不强[18]。习近平总书记强调，实现科学发展，关键在科技，根本在人才。人才是气象科技创新的主体，是提高气象综合实力和核心竞争力的第一宝贵资源[19]。

如今，我们建成了世界上规模最大、覆盖最全的综合气象观测系统和先进的气象信息系统，建成了无缝隙智能化的气象预报预测系统。随着我国整体国力的不断发展，气象现代化是大势所趋[20]。因此，我们要紧跟国家科技发展步伐和世界气象科技发展趋势，提高气象科技自主创新能力，着重培养和创造一支与气象现代化事业相配套的高素质、复合型人才队伍，为气象现代化高质量发展提供动力和保障。

2.3 实现自力更生与开放合作的有机统一

中国共产党自诞生之日起，就把自力更生、艰苦奋斗作为党鲜明的工作作风，历来坚持独立自主，开拓前进道路。但中国共产党从来都不是一个故步自封的政党。早在延安时期，中国共产党就在经济、政治、军事、文化等方面实行了对外开放[21]。延安时期是中国共产党的艰苦发展时期，在这样的背景下提出并坚持实践一系列对外开放的思想，是这一时期中国共产党的伟大创举。这一创举让全国乃至世界了解了延安，了解了中国共产党，把在政治斗争中处于弱势的政治力量一步步推向强盛[21]。

延安时期，美国与国共两党在气象台成立、气象情报网构建、气象人才培养等方面开展合作，中美气象人员提供的气象情报，在抗日战争中发挥了重要作用[2]。开放合作的同时，我党我军的气象人员，坚持独立自主，自力更生，学过气象和观测的同志们，老带新，一带多，将气象科学知识和观测技术传递下去。没有学过气象的同志，通过特定的渠道，从敌占区购买气象书籍和气象仪器，从书本上自学气象知识，搞清云的分类，初步弄懂了气象仪器的使用方法，迅速投身到气象工作中[5]397。延安时期气象事业的诞生和发展，就是我党我军将自力更生与开放合作有机统一的成功实践。

面对日新月异的世界，我国的气象事业也面临着前所未有挑战。一方面，我们要坚持自力更生，要坚定不移地加强和推进气象现代化建设，以现代化引领和推动气象事业发展。另一方面，我们也要坚持开放合作。坚持深化改革扩大开放是气象事业的活力源泉。气象事业要紧跟国家步伐，全面深化气象改革开放，推动气象事业在不断深化改革中披荆斩棘、破浪前行。

习近平总书记指出："中华民族奋斗的基点是自力更生。"我们要沉心静气，理性应对复杂局势，坚持自力更生、艰苦奋斗精神，将开放合作有机结合，构建新发展格局，推进新时代气象事业高质量发展。

2.4　团结协作，无私奉献

延安时期，一批批有志青年舍生忘死奔赴延安，他们以革命利益为重，听党话、跟党走。当我党急需气象人才时，他们便毫不犹豫地放弃了自己的专业和爱好，投身到气象事业中。在艰苦的环境中，他们常年坚持工作，经受了严峻的考验，有的甚至献出了宝贵的生命。这是特殊时代的无私奉献精神。

延安时期气象工作人员的文化程度参差不齐，有的已经达到大学一年级水平，有的则仅有初中文化程度，加之参与气象工作的时间有先后，后来的同志业务学习往往跟不上进度。但是大家团结协作，互帮互助，迎难而上，坚决完成党交给他们任务。在延安气象台，张乃召安排文化程度高一点的同志开展补课：曾宪波讲物理的光学、电学，周鲁女讲代数，邹竞蒙讲气象观测基础知识。先来的同志带后进的同志，协助他们尽快独立值班。延安气象台这种以老带新、互帮助学的做法，从延安开始，到转战山西、河北，一直坚持。这是特殊时代的团结协作精神。

新中国成立后，气象工作者们继续发扬艰苦奋斗、爱岗敬业、团结协作、无私奉献的精神，涌现出了雷雨顺、覃国振等一批具有强烈时代感的模范先进人物。老一辈气象工作者团结协作、无私奉献，用青春和汗水为气象事业开了山、铺了路。近年来，气象工作者的队伍呈现年轻化、专业化程度较高、思想活跃等新特点[22]，那么，新一代气象工作者如何在新形势下继续学习、继承和弘扬老一辈气象工作者延安精神？团结协作和无私奉献便是我们战胜困难、取得胜利的一大法宝。新时期，我们更应当大力弘扬团结协作和无私奉献的精神，沿着习近平总书记指引的方向奋勇前进。

❸ 结语

延安时期已经过去，但延安精神垂世不朽。延安时期，在这一特殊的历史形势下，气象人始终坚持党的统一领导，注重科技创新和人才队伍建设，实现了自力更生与开放合作的有机统一，形成了勤学善学、艰苦奋斗，团结协作、无私奉献的优良工作作风，这就是我们的延安气象精神。

忆往昔峥嵘岁月，看今朝气象万千。今天，气象工作责任更加重大、使命更加光荣，我们将以习近平新时代中国特色社会主义思想为指导，不忘初心、牢记使命，继承和发扬延安时期气象精神，为我国气象高质量发展贡献力量。

 参考文献

[1] 王波.抗战时期陕甘宁边区自然科学大众化运动研究[D].西安：西北大学，2019.

[2] 李平，张建雄，杨林聪.抗日战争时期的中美气象情报合作[J].阅江学刊，2015，7（5）：38-42.

[3] 雷云峰.陕甘宁边区大事记述[M].西安：三秦出版社，1990：266-277.

[4]《延安时代的气象事业》编委会.延安时代的气象事业[M].北京：气象出版社，1995：22.

[5] 温克刚.中国气象史[M].北京：气象出版社，2004：395.

[6] 刘克东.忆延安清凉山气象班[J].陕西气象，1995（3）：47.

[7] 军事科学院《叶剑英传》编写组.叶剑英传略[M].北京：军事科学出版社，1987：128.

[8] 王志学.传播延安精神的人：记老红军、离休干部刘克东同志[J].陕西气象，1995

（1）：46-49.

[9] 武娟.延安：新中国气象事业的发祥地 [M].西安：陕西人民出版社，2004：354-358.

[10] 刘英金.风雨征程：新中国气象事业回忆录：第一集（1949—1978）[M].北京：气象出版社，2006.

[11] 韩振龙.陕甘宁边区气象事业研究 [J].赤峰学院学报（哲学社会科学版），2016，37（2）：92-94.

[12] 卡萝尔·卡特.延安使命：1944—1947 美军观察组延安 963 天 [M].陈发兵，译.北京：世界知识出版社，2004：117.

[13] 于化民.中美关系史上特殊的一页：中共领导人与延安美军观察组交往始末 [J].东岳论丛，2006（4）：121-131.

[14] 武衡.延安时代科技史 [M].北京：中国学术出版社，1988：22.

[15] 张安勇，李新亚，张来相.弘扬延安精神 促进气象事业发展 [J].陕西气象，1991（4）：4-6.

[16] 安徽省气象局.新中国气象事业 70 周年·安徽卷 [M].北京：气象出版社，2020.

[17] 中国气象局.气象部门人才发展规划（2013—2020 年）[EB/OL].（2015-07-02）[2021-08-10].http：//www.cma.gov.cn/2011xzt/2015zt/20150702/2015070202/201507020202/201507/t20150702_286786.html.

[18] 李骄杨.H 市气象局人才流失困境及对策研究 [D].武汉：华中科技大学，2019.

[19] 张秋律.气象现代化下的气象人才培养研究：以 J 市气象局为例 [D].苏州：苏州大学，2016.

[20] 高晶.X 市气象部门青年人才队伍建设研究 [D].南京：南京信息工程大学，2020.

[21] 崔雯.延安时期中国共产党对外开放的历史探究 [J].党史文苑（学术版），2010（7）：21-22.

[22] 王立梅，韩锦.延安时期气象人保持工作作风纯洁的实践及启示 [J].学理论，2012（27）：118-119.

近代安徽气象机构发展历程研究

张　丽　孙大兵

（芜湖市气象局，芜湖 241000）

摘要： 为真实还原近代安徽气象机构的发展历程，厘清安徽气象机构的发展脉络，本文运用文献分析、实地考察、归纳总结等方法，对近代安徽的芜湖海关测候所、各地教会气象站、安徽模范茶场测候所、国民党省立气象测候所等气象机构的发展背景、建立过程、台站功能、发展沿革等进行归纳总结。得出安徽近代气象科学的发展特点：1. 安徽省近代气象起步较早，1880 年就设立了芜湖海关气象站；2. 气象机构集中在芜湖、安庆，时空分布不均，未形成省内测候网；3. 由于经济落后及政府支持不够，近代安徽气象机构发展迟缓，总体水平不高。尽管近代安徽的气象机构还处于萌芽阶段，但经过这一阶段的启蒙，气象知识与技术得到了传播，开展了数据化的气象观测并保存下来形成了宝贵的气象资料，保障了长江航运、航空、水利事业的发展，并为农业的进步、科学知识的普及贡献着自己的力量。研究结果有效补充了安徽气象档案信息，丰富了中国近代气象科技史和安徽地方史的内容。

关键词： 近代，安徽，气象机构，海关测候所，省立气象测候所

1 引言

我国古代气象科学技术的发展曾有过辉煌的成就，但由于封建体制的闭关自守和腐朽没落，尤其是明初以后知识分子受到八股文的劫难和束缚，科学技术日渐落后。

1840 年鸦片战争的爆发标志着中国进入近代，改变了中国的社会性质，中国的国家主权和领土完整遭到破坏，中国人民的经济负担加重，政治压迫更深。清朝末年到新中国成立前夕，帝国主义对中国的侵略日益扩大，中国社会逐步走向半殖民地半封建的道

本文已发表于《第五届全国气象科技史学术研讨会（2021）论文摘要集》。

资助项目：安徽省气象局科研面上项目（KM202006）。

123

路。气象方面也逐步形成了中西方气象科学相互融合、相互渗透的局面。时代动荡、战火纷飞，中国气象在举步维艰中慢慢发展。中华人民共和国成立后，科学技术事业受到高度重视，气象事业从小到大、从弱到强、从落后到先进，与国家同行共进，开启迈向现代化气象强国的新征程。近代是中国气象史研究中不可忽视的阶段，是中国古代气象知识发展到现代大气科学的必经的过渡阶段。

近年来，学术界有关中国气象史的研究成果日渐丰富，如刘昭民的《中华气象学史》，洪世年、陈文言主编的《中国气象史》，温克刚主编的《中国气象史》，吴增祥的《中国近代气象台站》，陈正洪的《气象科学技术通史》等著作，以及王昂生的《近代气象观测系统进展与展望》，陈德群、陈学溶的《气象研究所有天气预报业务和服务史实概述》，王奉安的《我国近代气象科学研究机构及其贡献述略》等大量论文。总体而言，从历史学角度对气象科技发展的研究大多集中在全国和中央层面，地方气象史的研究不够丰富。从研究的时间上看，地方气象史的研究多集中在新中国成立以后，对近代气象史研究还较为薄弱；从研究的空间上看，多集中在上海、江苏、浙江、云南、四川、辽宁等近代气象起步较早、史料资源较多的省份，而对近代气象科技水平不高的地区（如安徽省）的研究还较为零散，整合度不高。对地方气象史研究的滞后会限制中国气象史整体研究的深度和广度。基于此，本文首次全面系统地考察了安徽省气象机构的发展历程以及过程中的相关问题，并对其反映出来的历史价值进行分析总结，为丰富近代中国气象科技史和安徽地方史的研究进行有益的探索，为当今安徽省气象事业的现代化发展寻求其历史借鉴的意义。

2 近代安徽气象的发展背景

2.1 近代中国及安徽的社会背景

1840 年 6 月，鸦片战争爆发，1842 年 8 月，清政府被迫同英国侵略者签订了中国近代史上第一个丧权辱国的不平等条约——《南京条约》，中国的主权完整遭到破坏，独立发展的道路被迫中断，并被卷入资本主义世界市场，中国历史进程发生了重大转变，开始沦为半殖民地半封建社会[1]。中国近代史是指从 1840 年 6 月鸦片战争爆发到 1949 年中华人民共和国成立的中国历史，历经清朝晚期、中华民国临时政府时期、北洋军阀时期和国民政府时期，是中国半殖民地半封建社会逐渐形成到瓦解的历史[2]。

安徽位于华东腹地，公元 1667 年因江南省东西分置而建省。安徽省名取于"安庆府"与"徽州府"之首字。地跨长江、淮河南北，与江苏省、浙江省、江西省、湖北省、河南省、山东省接壤，曾是显赫文坛的"桐城派"故乡，又是称雄中国商界 300 年之久的徽商源地。自然条件优越，资源蕴藏丰富。然而在近代 109 年间，安徽遭受了外国帝国主义和本国淮系、皖系、新桂系军阀的掠夺和压榨，同时天灾和战祸频繁，导致了近代的安徽工农业生产水平低下，经济文化落后[3]。

2.2 近代中国气象机构发展概述

近代中国由于当时统治阶级的腐败无能和半殖民地半封建的时代背景，气象科学水平远远落后于西方。气象台站机构纷繁、各自为政、效率低下。一方面，西方列强通过《南京条约》等一系列不平等条约侵入中国，英、法、美、德、沙俄和日本等帝国主义国家在强占的租界地或势力范围内建立了各种类型的气象观测站、测候所，为了政治和商业目的探测我国的气象情报、开展气象活动，其中较为著名的有北平地磁气象台、上海徐家汇观象台、香港皇家气象台、青岛观象台等[4]。与此同时，具有民族自尊心的中国人民也在竭力发展国人自有的气象事业，晚清时清政府里的有识之士开始效仿日本等发达国家在各地创办农事试验场和一些农科学校设置气象观测所[5]。1911 年辛亥革命胜利后，蔡元培先生执掌教育部，建立了中央观象台。1912 年，教育部选取钦天监的一座外署——泡子河观象台作为中央观象台台址。1912 年，高鲁向教育部陈述创办气象事业的需要，教育部终于批准成立中央观象台气象科，由蒋丙然出任气象科科长，从事筹划工作。中央观象台及气象科的建立，成为中国气象事业建制化的起点和标志[6]。此后中央政府和地方各级政府部门开始陆续建立气象台站，一些高等院校以及民间私人也开始创办各种气象观测机构，开展气象学术研究。尽管时局动荡，战火纷飞，近代中国的气象事业还是在举步维艰中慢慢发展起来，高鲁、蒋丙然、竺可桢等一批气象学先驱以"科学救国"为己任，为气象事业发展倾注了大量心血。这段历史既有创业时的艰难，也孕育了中国气象事业的希望，为未来的勃发奠定了基础。

3 晚清时期的安徽气象机构

3.1 近代安徽海关气象站

3.1.1 芜湖市海关气象站的诞生背景

近代安徽省最早的气象站是芜湖的海关气象站。列强在打开中国沿海门户及长江后，又想打开内陆的"后门"，1876 年 9 月 13 日，清政府被迫签订《中英烟台条约》，增开湖北的宜昌、安徽的芜湖、浙江的温州、广西的北海为通商口岸。芜湖市因此成为安徽省第一个对外开放的城市，与西方世界发生直接联系，开启了向近代化变迁的过程。安徽气象也因此进入中西方科技交融的时代。

清同治二年十月（公元 1863 年 11 月），英国人赫德担任中国海关总税务司职务。赫德主持中国海关近半个世纪，在海关建立了总税务司的绝对统治。清同治八年十月（公元 1869 年 11 月）赫德颁发了总税务司通札第 28 号，详述了观测气象的重要性，提出要在我国沿海、长江重要口岸海关及近海岛灯塔附近设气象观测所，由英国人和法国人管理并供应仪器。在赫德的建议下，清政府从 1869 年开始，在各海关和主要灯塔所在地逐步建立了 70 个左右的海关测候所（气象站），其中就有芜湖海关气象站，并将气象观测列入海关的海务五项基本业务之一[7]。

3.1.2 芜湖市海关气象站详情

经考证：芜湖海关观测站的原坐标为 118°21′ E，31°20′ N，台站海拔为 12.6 m。芜湖海关气象观测没有专设机构隶属海关海岸稽查处，也没有专职的气象工作人员，全部的气象观测人员是由海务人员、外勤人员等海关外籍工作人员兼职。芜湖海关观测站于 1880 年 3 月 1 日起正式开展气象观测，1880 年 3 月 1 日—1886 年 1 月 31 日期间，观测的时次为每天 8 次，分别为 03 时、06 时、09 时、12 时、15 时、18 时、21 时、24 时。1886 年 2 月 1 日—1903 年 10 月 30 日期间，观测时次改为每天 4 次，分别为 03 时、09 时、15 时、21 时。1903 年 11 月 1 日—1937 年 11 月 30 日期间，观测时次又恢复为每天 8 次，分别为 03 时、06 时、09 时、12 时、15 时、18 时、21 时、24 时。

芜湖海关气象观测站一直以来开展的常规观测项目包括气温、最高气温、最低气温、雨量、气压（包括附温和气压表读数）、天气状况、风向、风速共 8 项，非固定的观测项目包括干湿球温度、降水时长、云（云量、云状及云的位置）、最高水位共 4 项目。每月编制月报表，并于下月初报送海关总署。

海关观测业务前期比较混乱，没有统一规章。仪器的型号、规格不一样。海关气温、气压、降水的计量单位长期采用英制，记录比较粗糙。1905 年，海关总署颁布指导性文件《海关气象工作须知》，统一了各地的观测工作制度，要求各站执行，并不定期派人进行检查，观测业务逐步走上正轨。此外，气象观测站使用的仪器、记录表、记录簿都要由海关总署统一采购分发。芜湖海关气象站的观测记录按月编制成《海关气象月总簿》，寄送到海关气象总署及徐家汇观象台等处，以供天气预报使用。1935 年起，芜湖海关气象站还承担了向徐家汇、青岛、香港、东京等气象台发送气象电报的任务，同时发电报的还有秦皇岛、塘沽、镇江、厦门、汕头等 27 个台站。每日需要发送气象电报到 9 个不同的地方[4]。

3.1.3　芜湖市海关气象站的主要特点

（1）本质上是中国清政府建立

1863 年 11 月，清政府任命英国人赫德为中国海关总税务司，虽然赫德长期掌控中国海关，但他仍然是由清政府任命的，并且还获得了清政府授予的多种头衔：按察使衔（1864 年三品）、布政使衔（1869 年二品）、头品顶戴（1881 年）、三代正一品封典（1889 年）等。赫德在前往海关任职之前曾在广州担任翻译，是一个"中国通"，他能在中国海关把持近半个世纪，主要还是因其个人能力得到了清政府的信任。赫德如同一个高级职业经理人，与清政府的封建王朝在特殊时期构成了一种合伙人关系[8]。基于此，我们可以认为芜湖市海关气象站本质上仍然是中国清政府建立的。

（2）安徽近代史上最早、持续最长的气象站

芜湖海关气象观测从 1880 年 3 月开始，直到 1937 年 11 月才因抗日战争爆发而停止。观测年份长达 57 年之久，观测天数 2 万余天，并且观测记录很少中断，留下了安徽近代史上最早、年代最久并且保存最为完整的气象观测资料。它记录了宝贵的实况资料，为研究近代安徽天气、气候提供了依据，具有重要的价值。但海关气象观测资料的质量并不高，从留存的芜湖《海关气象月总簿》上看，字迹潦草，降水有明显的错记漏记的情况，气温只取整数，气压没有经过温度、高度重力和纬度重力订正等。

（3）近代安徽最早的行业气象机构

芜湖海关气象站归属海关总税务司管理，主要是为了保障船舶航运安全，虽然设立在芜湖，但并没有为当时的芜湖市政府及相关部门和公众提供气象服务。气象观测资料保存汇交到海关总署，整体还是为海关服务，属于行业服务的范围。芜湖海关气象站的气象服务保障了长江航运的安全，促进了芜湖航运业和米市的繁荣，客观上对芜湖的经济发展也做出了贡献。

3.2 近代安徽教会气象观测点

鸦片战争以后，外国传教组织和传教士纷纷来华传教，并且借布道之机，参与思想文化侵略，以及政治、军事、经济、资源、水文、地理和气象等领域的情报收集工作。为了获得完整的气象情报资料，外国传教士开始在安徽各地开展气象观测工作。从 19 世纪末至 20 世纪 40 年代，在天主堂进行观测的有芜湖、霍邱、砀山、宣城。其他地点有1923 年意大利修士罗娣在天桥下设立的测候所（蚌埠最早的气象观测机构），以及五河、桐城、宿县（此三处具体地址不详）。上述地点的气象观测资料大部分已遗失，目前遗留的记录最全最完整的是芜湖天主堂的气象观测资料。

鸦片战争后，天主教耶稣会来华，在 1847 年选中徐家汇建立天主教江南传教区的总部，并先后将教务开展到江苏、安徽两省。其中安徽省主教廷就设在现今的芜湖天主教堂，其规模在华东地区仅次于上海徐家汇天主教堂。芜湖天主教堂在徐家汇总部的统一部署下购买了一批气象仪器，建起了观测站并开始气象观测。据竺可桢先生编著的《中国之雨量》记载，芜湖教会气象观测自 1880 年 6 月开始，较海关气象观测迟了 3 个月，观测也一直持续到 1937 年日本侵略芜湖时才停止。芜湖教会气象观测记录每个月都会汇编成册汇交到徐家汇观象台。同时芜湖天主教会也会利用其自营的印书馆将每个月或每两个月的气象观测记录编辑印刷成期刊。封面上用中文、法文两种语言清楚标明期刊内容、观测年份月份及期刊号，这在当时也是相当先进的。根据 1935 年芜湖天主堂印书馆 NO.17（1935 年 10 月）芜湖气象观测期刊显示，当时教会气象观测时次分别为 03时、06 时、09 时、12 时、15 时、18 时、21 时和 24 时，每天 8 次，每隔 3 小时观测一次。观测的项目包括气温、气压、相对湿度、风向风速、云状、降水、蒸发、天气现象等。观测的气象要素较多，观测的时次也较为密集。从目前留存的芜湖教会的气象观测资料来看，其观测质量和数据的清晰程度明显好于海关气象。由于当年芜湖海关和天主教堂距离很近，并且来往密切，两个气象站的观测时次也是一样的，他们之间是否存在交流合作及数据共享，还有待进一步考证。

④ 北洋政府时期的安徽气象机构

辛亥革命以后，北洋政府时期，随着西方近代科技的引进和农商部的大力推广，全国气象测候工作逐渐展开。1912年，中华民国南京临时政府在北京古观象台遗址上建立了"中央观象台"，该台于1918年首次提出要在全国各省建立测候所雨量站，但因经费、人员等问题没能在安徽建所。

4.1 近代安徽最早的农业气象站

1913年12月，北洋政府将原农林、工商两部门合并成立农商部。张謇出任农商部第一任部长。他非常重视农业气象工作，在他的领导下，农商部积极推进全国农业气象工作。1915—1920年，在各省设立了20余处气象观测分所。1917年，按照农商部的指示，安徽省农林机构在安徽省立农事试验场设立了观测所并开始进行气象观测，定时向农商部报送气象报告及《农商部观测所年报》。1920年，由于经费短缺、军阀混战，安徽农事试验场无法维持，气象观测记录也被迫终止[5][9]。安徽农事试验场附设观测所是近代安徽省最早的农业气象站。但由于观测所的站址、经纬度等信息都已无法查证，因此安徽农事试验场附设观测所具体地址和观测内容至今仍是一个谜。

4.2 近代安徽最早的茶叶气象站

1915年，农商部在安徽省祁门南乡平里村创设安徽模范茶场，为茶叶专门研究和实验机构。该场于1934年7月改称祁门茶业改良场，场内设有气象测候所，为茶叶生产提供气象服务[10]。这应该算是安徽省最早的特色农业气象服务项目。根据现今留存的20世纪30年代安徽祁门茶场气象观测资料可以看出，当时茶场气象测候所每日观测的气象要素包括气温、湿度、蒸发、雨量、风向、风速、天气状况，共计7项。

4.3 近代安徽最早的水文气象站

1914 年 12 月，北洋政府在北京设立全国水利局，由张謇兼任水利局总裁并通令全国各省成立水利分局。1922 年 1 月，北洋政府成立扬子江水道讨论委员会，并在上海设立了测量处，1922 年 10 月开始在安徽大通（现铜陵市）测量长江流量，同时观测记录降雨量[11]。大通站是近代安徽最早建立的水文气象观测站。

⑤ 国民党统治时期的安徽气象机构

5.1 近代安徽省立测候所

1927 年 4 月 18 日，南京国民政府宣告成立，中国开始进入国民党统治时期。1929 年元旦，国立中央研究院气象研究所在南京北极阁成立。竺可桢先生担任首任所长。为了气象事业的发展，竺可桢先生于 1928 年提出了《全国设立气象测候所计划书》，气象研究所在 1929—1937 年期间先后开办了 4 期气象学习班[12]。在 1931 年第二期学习班中，安徽省建设厅首次选派宛敏渭参加学习。由于当时安徽省国民政府并没有设立专业气象测候所（可观测多种气象要素），因此，在 1932 年 4 月 19 日，也就是第二期气象学习班结束后不久，竺可桢先生写信给时任安徽省建设厅厅长程振钧，请求在当时的安徽省会安庆筹建气象测候所，并推荐宛敏渭负责该项工作[13]。在竺可桢的积极推动和宛敏渭的认真工作下，1932 年安徽省建设厅向中央研究院气象研究所赊购相关气象仪器，在安庆建立了气象测候所，这是近代安徽省官办的第一个正式的气象观测站，同时也是安徽近代气象事业的新起点。

安庆测候所于 1934 年元旦正式启用，共进行气压、气温、湿度、雨量、蒸发、天气现象、云量及风向风速 9 项气象要素的观测。宛敏渭作为近代安徽气象的开创人，在安徽省气象测候所成立初期，所内几乎所有的气象观测、发报、记录整理、报表编制、仪器的维修维护等工作均由他一人独立完成。当时安徽省建设厅所建立的测候所位于安庆市建设厅院内，空间非常狭小，工作环境较为恶劣。当时测候所每天 06 时、14 时、21 时观测 3 次。每日上、下午要到电报局发两次气象电报到国立气象研究所。夏秋飓风期间，晚间还要加发电报一次，以供预报和绘制天气图之用[14]。1937 年春天，因全国气象会议决定，各省须设规模完备的省会测候所，当时的安徽省政府决定补充气象仪器，在安徽省建设厅测候所原基础上扩充建设安徽省会测候所，所址位于安庆北门菱湖公园建筑房屋内，由宛敏渭担任选购仪器和筹建相关任务。1937 年宛敏渭被当时的安徽省建设厅选派担任安徽省会测候所所长职务。1937 年 7 月 7 日，"卢沟桥事变"爆发，日本发动全面侵华战争，安庆遭轰炸，仪器未装置，测候所没有成立，在 10 月就停办了。1939 年秋，安徽省国民政府在立煌（今金寨县）筹建安徽省会测候所（二等测候所），1940 年 1 月开始观测。测候所隶属安徽省建设厅，测候站主任由建设厅遴选委任。1941 年 6 月，安徽省建设厅制定了《安徽省会气象测候所组织规程》《安徽省会气象测候所办事细则》等气象章程，要求测候所的测候工作要按照南京国民政府中央行政院颁发的《全国气象观测实施规程》执行。每月观测记录报表经该所主任审核后，报送建设厅、农林部、中央气象局、国立气象研究所、国会秘书处各 1 份。1945 年抗日战争胜利后，同年 12 月测候所随省政府迁到合肥，地址在西门内龚湾巷程氏宗祠内，后又搬至逍遥津，1946 年元旦开始观测。1946 年 5 月 15 日，安徽省会气象测候所改名为安徽省水利局合肥测候所。1947 年 11 月 1 日，测候所又再次改名为安徽省合肥气象测候所。1948 年 12 月，该所迁至芜湖，1949 年 1 月开始观测。

5.2 国民党时期各地雨量站

1931 年夏江淮大洪水过后，依据受灾程度，安徽省成立了水利工程处，内设有测量队并设置雨量气象水文测站。安庆测候所成立后，开始在安徽省各地普遍设立雨量站。据安徽政务月刊记录，截至 1944 年底，全省共有 36 个县设立了雨量站，分别为霍邱、寿县、凤台、太和、阜阳、颍上、临泉、涡阳、蒙城、立煌、六安、霍山、桐城、庐江、无为、宿松、至德、青阳、南陵、东流、广德、合肥、舒城、岳西、太湖、怀宁、泾县、石埭、旌德、宁国、祁门、绩溪、屯溪、歙县、休宁、黟县[15]。其中皖南屯溪地区的水利工程处原也兼做气候测量工作，工程处撤销后，由国民政府行政公署派员管理。屯溪测候所自 1948 年 8 月 1 日起开始有观测记录，至 1949 年 4 月 23 日中断。观测时间为 03 时、06 时、09 时、12 时、15 时、18 时、21 时、24 时，观测项目有气压、气温、云、能见度、天空状况、风向、风速，但观测仪器少，观测质量不高。

5.3 其他机构设立的气象站

5.3.1 中美特种技术合作所气象站

1943 年 5 月，国民政府和美国联合成立"中美特种技术合作所"，下设军事、情报、心理、气象、行动、交通、经理、医务、总务等 9 个组和 1 个总办公室、1 个总工程处。气象方面设国防部第二厅气象台站和分站，包括上海气象总站、重庆一等气象站、广州一等气象站等 41 处。气象器材、人员培训由美国提供，其中安徽省的气象站为屯溪一等气象站。1947 年 6 月 11—22 日，由中央气象局接收[16]。

5.3.2 中国航空公司气象站

中国航空公司在 1930 年 8 月起到 1943 年 11 月长约 13 年中，为了保障飞行安全，在南京、宜昌、广州等地设立了气象站，在当时的安徽省省会安庆市也设立了气象站。航空公司的气象站在人员配置上除了在上海、汉口两航站有专职气象员外，其他各地的气象测报皆由各该航站的值班报务员兼任。他们多受过一些气象测报的训练，具有航空气象的基础知识。各站的气象测报在最早的几年是每小时 1 次，1943 年改为每半小时一次，从飞机起飞前 2 小时开始，到飞机到达目的地后停止，测报内容为云状、云量、云幕高、能见度、天气状况、风向、风速、温度、露点、高度裁正值等，编成 UCO（国际通用气象着陆电码），通过中航自设电台互相传递，非常及时。

6 近代安徽气象机构的发展特点

本文按照时间脉络对近代安徽省内气象台站的设置和发展状况进行了梳理归纳，总结得出，近代安徽气象机构的发展有如下特征。

6.1 近代安徽气象机构起步较早

由于是沿江省份，因此安徽省开放较早，早在 1880 年 3 月，清政府就在芜湖市设立了海关气象站。安徽在西方气象科技的传播以及开展气象观测活动方面都开始得比较早，领先于全国大部分地区。近代安徽气象事业的发展与中国近代化历程紧密相关，具有鲜明的半殖民地半封建社会的时代特点。海关气象和教会气象虽然主观上多由外国人越俎代庖，但客观上促进了气象科学的发展，破除了封建迷信，为近代安徽气象事业的发展奠定了基础。

6.2　未形成综合气象观测网

近代安徽气象机构的发展主要集中在安徽的沿江城市芜湖以及省会城市安庆，后期国民政府虽然在各处设立了雨量站，形成了一定规模的雨量站网，但主要是为水利服务，观测要素较为单一，只有降水量。在综合气象要素观测方面，近代安徽气象测候所的发展并没有呈现出由点到面的发展态势，没有逐步建立起综合气象观测网。

6.3　发展迟缓总体水平不高

不论是清政府、北洋政府还是国民政府，他们对气象科技的重视程度都不高，国人自建的安徽农业气象、水文气象等虽起步较早，但由于时局不稳且经费不足，都未能进一步发展。虽然 1930 年第一次全国气象会议后，国民政府已通令各省增设测候所，但安徽省却以财政困难为由推脱，并没有积极投身于气象测候网的建设。测候员章克生在写给竺可桢的信中指出："皖省创立测候所唯一之目的仅知供气象研究所之研究。"[17] 由于政府层面无法认识到发展气象事业对经济社会发展的重要意义，所以在气象机构的建设、发展以及作用发挥等方面都表现不佳，导致近代安徽气象事业发展水平总体落后。

⑦ 结语

本文根据近代安徽气象台站的设立和发展，对安徽气象事业的近代化历程进行了初步探索。尽管近代安徽的气象机构还处于萌芽阶段，刚刚开始使用气象仪器进行观测，观测方法较为简单，数据样本不够丰富，但经过这一阶段的启蒙，气象知识与技术得到了传播。虽然政局动荡，然而在科学界的推动和民族自尊心增强的驱使下，近代安徽气象事业仍在顽强地发展进步着，开展了数据化的气象观测并保存下来形成了宝贵的气象资料，保障了长江航运、航空、水利事业的发展，并为农业的进步、科学知识的普及贡献着自己的力量。但由于近代中国积贫积弱的社会面貌以及制度体制的腐朽，社会经济水平低下无法为气象科技的发展提供支撑，政府的投入不足无法为气象事业的发展提供必要保障，因此导致安徽近代气象事业的落后。

总结和吸取安徽气象事业近代化过程中的经验和教训，对探索和推进气象事业现代化有重要的借鉴意义。在推进气象事业发展的过程中，民族自尊心是内在驱动力，科技进步和经济增长是基础，政府的关心和支持是核心，气象领军人物和气象工作者是关键。此外，近代安徽气象发展还有很多领域值得研究，如安徽的气象名人、安徽的气象科普等，还望学界能不断地挖掘、整理。

 参考文献

[1] 陈在正. 十九世纪四十年代国内阶级矛盾的激化与太平天国革命 [J]. 厦门大学学报（哲学社会科学版），1980（1）：1-19.

[2] 边剑乔. 浅谈中国近代史开端与近代中外关系 [J]. 现代交际，2015（1）：6，5.

[3] 昌洋. 这片神奇而美丽的土地：安徽 [J]. 江淮，2004（1）：50.

[4] 吴增祥. 中国近代气象台站 [M]. 北京：气象出版社，2007.

[5] 王奎. 清末农事试验场的创办与农业经济形态的近代化 [J]. 华南农业大学学报（社会科学版），2007（4）：106-113.

[6] 曹冀鲁. 辛亥革命与中央观象台的诞生 [J]. 气象知识，2011（5）：57-58.

[7] 吴增祥. 中国近代海关气象观测 [C]// 中国气象学会. 推进气象科技创新加快气象事业发展：中国气象学会 2004 年年会论文集（下册）. 北京：气象出版社，2004.

[8] 李岩. 赫德与大清洋海关：从海关总税务司署通令看大清洋海关的建立与扩张 [J]. 北京档案，2019（6）：52-55.

[9] 郑金彪. 清末安徽农事试验场述论 [J]. 青岛农业大学学报（社会科学版），2010，22（4）：85-87.

[10] 余玲. 皖赣红茶统制运销研究 [D]. 合肥：安徽大学，2015.

[11] 彭清，阮景雯. 长江水利委员会初创记忆拾零 [J]. 武汉文史资料，2018（3）：4-9.

[12] 王东，丁玉平. 竺可桢与我国气象台站的建设 [J]. 气象科技进展，2014，4（6）：67-73.

[13] 陈学溶. 南京北极阁曾是中国气象人才的"摇篮" [J]. 大气科学学报. 2014，37（5）：671-672.

[14] 黄逢昌. 视察各地测候所报告 [J]. 中国气象学会十周年纪念刊，1935：125-138.

[15] 许晓悦. 民国时期安徽生态环境保护研究 [D]. 合肥：安徽大学，2015.

[16] 吴增祥. 中美特种技术合作所的气象台站 [C]// 中国气象学会. 推进气象科技创新加快气象事业发展：中国气象学会 2004 年年会论文集（下册）. 北京：气象出版社，2004.

[17] 晨露夕舟. 1929—1941 年间竺可桢发展地方测候事业相关信函选 [J]. 民国档案，2012（1）：15-58.

宛敏渭先生的一生：
奠基物候学和开创近代安徽气象事业

张　丽　孙大兵　司红君

（芜湖市气象局，芜湖 241000）

摘要： 宛敏渭是中国本土培养的气象学家，几十年如一日对专业知识精进不已。1949 年以前，他筹建安徽省近代第一个官办气象测候所，独立自主观测记录了安徽珍贵气象资料。中华人民共和国成立后，他重点开展了农业气象和物候学领域的科学研究，建设了中国物候观测网，制定了统一的观测标准，提出现代物候学观测方法，完善物候学和农业气象学的理论和实践知识体系。

关键词： 宛敏渭，近代，安徽，气象，物候

 引言

民国时期高鲁、蒋丙然、竺可桢等老一辈气象先驱艰难探索，以"科学救国"为己任，为气象事业发展倾注了大量心血[1]。在竺可桢、涂长望、赵九章等人的共同努力下，中国气象人才队伍不断壮大，地方的气象事业也逐渐开始发展[2]。

专家学者对近代气象史的研究多以宏观视角聚焦全中国，地方气象史研究分布不均。江苏、浙江、上海、云南、四川、辽宁等近代气象起步较早、史料资源较多的地方研究较多。相对而言，对安徽省等近代气象史料资源不太丰富的省份的研究还较为零散，整合度不高。本文对近代安徽省气象事业的创始人、气象学家宛敏渭的生平和气象实践活动开展研究，旨在进一步丰富近代中国气象科技史和安徽地方史的内容，增加气象学家

本文已发表于《气象科技进展》2023 年第 1 期。
资助项目：安徽省气象局面上项目（KM202006）。

的研究案例，同时有助于开拓学术界在气象科技史研究的新领域。

资料来源和研究方法

本文以宛敏渭的气象实践活动作为研究对象，全面收集了宛敏渭撰写的个人专著和学术论文并进行认真研读，整理探究得出可支撑本文论点的关键信息。在中国科学院地理科学与资源研究所的支持和帮助下，作者查阅了宛敏渭生平经历和学术成就的原始资料，以及安徽省档案馆关于民国期间安徽气象的相关档案，采访了宛敏渭的部分家人和同事并整理相关信息，上述资料为本文研究提供了有力的史料依据和理论支撑。

研读《民国时期中国气象学会会员群体研究（1924—1949）》《中国近现代气象学界若干史记》《安徽省气象志》《中国近代气象台站》《中国气象史》等相关文献，分析提取相关相关信息。对已搜集的各类档案资料进行归纳总结，以史实资料为基础，对宛敏渭的气象实践活动的特点和贡献进行科学性提炼总结。

宛敏渭的生平简介

宛敏渭，字竹邨，1910 年 1 月 3 日生于安徽省庐江县的一个地主家庭。宛敏渭幼年读过私塾，1929 年毕业于安徽省立第六师范，后留用在附属的实验小学当教员。1931年，宛敏渭因为偶然的机会参加了气象练习班，从此与气象结缘。

2.1 求学第二届气象练习班

1928 年春，竺可桢先生负责筹建"中央研究院气象研究所"[3]。随着气象研究所的成立和测候所的陆续设立[4]，需要的气象人才越来越多，而当时中国气象专业人才"屈指可数"，也没有专门培训气象观测人员的专科学校。为缓解气象人才匮乏的压力，竺可桢开始创办气象练习班，1929—1937 年共举办了四届气象练习班，共培养了近百名学员[5]。

1931 年春，中央研究院气象研究所举办第二届气象练习班，发函请安徽建设厅保送一人入班学习。宛敏渭无意中得知了这个消息，虽然当时大多数国人还不清楚气象是何物，但宛敏渭已经对气象有了浓厚的兴趣，他毅然辞去了教师工作，以优异的成绩通过选拔，作为唯一的安徽学员被保送到气象练习班。第二届气象练习班共招收 40 人，地点先是设在南京北极阁气象研究所，由于学员较多，后来就借用中国科学社生物研究所位于成贤街文德里的楼房作为教室。练习班不仅开设一些简单的操作性课程，还有很多数学、物理、气象等理论性课程，要求培训人员掌握一定的理论知识，打好数理基础。授课的老师有方光圻、张镜欧等，学员上午上课下午实习或自修。考虑到测候重在实践，10 月 12 日起，学员每日下午到北极阁气象台实习，实习内容包括测候值班、仪器管理、绘制天气图和高空测候等 [6]。1931 年 12 月 26 日，宛敏渭以优异的成绩从第二届气象练习班毕业。

2.2　半个多世纪的气象工作生涯

宛敏渭毕业后回到安徽省建设厅，最早在技术处农林组担任技佐，从事雨量观测并办理与雨量站联系的工作。1933 年初在竺可桢先生的举荐下，宛敏渭在当时安徽省省会安庆开展安徽气象测候所的筹建工作，1934 年安徽气象测候所建成并于 1 月 1 日正式开始观测。1934 年 1 月至 1936 年 3 月，宛敏渭作为安徽省唯一的专职气象人员，几乎独自承担了气象观测、发报、记录整理、报表编制、仪器维修维护等所有技术工作，成为业务技术多面手。1937 年初，宛敏渭被委任为安徽省会测候所第一任所长。1937 年 7 月，省会测候所建造的房屋刚完工，"七七事变"爆发，随后安庆遭轰炸，省会测候所的气象仪器还没来得及安装就停办了。由于担心仪器遭受损失，安徽省建设厅先是将全部仪器运到了庐江县冶父山无量殿密藏，后又将全部仪器运至金寨，宛敏渭在枪林弹雨中奉派保管气象仪器。战争导致财政紧缺，安徽省府各厅都要减缩经费，宛敏渭每月的薪水只有 10 余元勉强度日。1938 年春，宛敏渭的前妻生产后不幸病故，他回到家乡安葬好妻子后便辞职离开了安徽。

1938 年 8 月，由吕炯介绍，宛敏渭在气象研究所担任临时视导员，任务是到四川、贵州两省调查各民办雨量站的观测情况。1939 年 7 月调查任务完毕，但当时气象研究所暂时没有合适的工作岗位，为了生计，宛敏渭在江津县德感坝第九中学担任了一段时间的临时图书管理员。1940 年 2 月，经气象研究所文书宋北珩介绍，宛敏渭前往重庆白市驿担任空军第二总站测候班测候员。1941 年 2 月，宛敏渭接到竺可桢的来信，让他前往重庆北碚的气象研究所担任测候员，于是他欣然前往。抗日战争胜利后，1946 年秋天宛敏渭随气象研究所回到南京，1948 年 12 月又跟随气象研究所迁移上海。1949 年 5 月上海解放后，气象研究所被上海市管制委员会接管，宛敏渭开始为中华人民共和国的气象事业服务。

1950 年，中国科学院对"中央研究院"24 个单位接管，其中气象、地磁、地震等研究所合并建成地球物理研究所，赵九章任所长。1950 年 3 月至 1957 年 5 月，宛敏渭在地球物理研究所任职。1957—1987 年，宛敏渭调到中国科学院地理研究所工作了 30 年，曾担任中国科学院副总工程师、高级工程师、物候组组长，中国气象学会农业气象顾问，北京气象学会理事，中国地理学会气象委员，是中国农业气象学、物候学等学科的开创者之一。

3 宛敏渭对气象工作的主要贡献

3.1 筹建安徽省第一个官办气象测候所

因农业、水利建设的需要，安徽省政府于 20 世纪 30 年代初在省会安庆及各县设立了简单的雨量站，但安徽省一直没有设立可观测多种气象要素的气象测候所[7]。1930 年夏，全国气象会议函请各省建设厅筹建气象测候所，但安徽省并没有响应。因此在 1932 年 4 月 19 日也就是第二届气象练习班结束后不久，竺可桢先生写信给时任安徽省建设厅厅长程振钧，请求在安庆筹备设立气象测候所，并推荐宛敏渭负责该项工作。但当时的安徽省政府并没有意识到气象工作的重要性，依然采取拖延的态度。在此情况下，年仅 22 岁的宛敏渭撰写了《筹设安徽全省气象测候所意见书》，深入分析了气象对于一个国家的重要性，描述了当时欧美、日本等对气象工作的重视，以及国内科技较为先进的省份（江苏、山东）测候所的建设情况，根据安徽省的地形地貌及其近年来遭受的气象灾害情况详细分析了建立气象测候所的重要性，并提出了全省气象测候所详细的建设计划：首先在省会安庆设立省会测候所，对测候所的选址、需配备的仪器、人员等都作出了具体的计划和说明；其次建议扩充各县雨量站为四等测候所，周期三年，分三期依次完成，并且将开办费及维持的经费预算都一并列出。正是在宛敏渭的认真谋划和积极推动下，1934 年安徽省建设厅在安庆建立了安徽气象测候所，这是近代安徽省官办的第一所气象测候所，它标志着安徽近代气象事业的新起点。安徽气象测候所于 1934 年 1 月 1 日正式启用，观测气压、气温等9项气象要素。1937年春天，因全国气象会议决定各省需要设立规模完备的省会测候所[8]，当时的安徽省政府决定在安徽省建设厅原气象测候所的基础上补充气象仪器扩充建设为安徽省会测候所，所址位于安庆北门菱湖公园建筑房屋内，委任宛敏渭担任所长。这意味着宛敏渭不仅要承担原先所有的气象业务工作，还要负责选购仪器、场地建设、人员培训等相关任务。1937年7月，日本发动全面侵华战争，安徽省会测候所被迫停建，宛敏渭在战火中妥善保管了仪器，为后期安徽省会测候所的重建奠定了基础。

3.2 独立自主观测记录民国时期安徽省珍贵气象资料

1934—1937年，宛敏渭作为当时安徽省唯一的专职气象员观测记录了宝贵的气候资料，当时测候所每天06、14、21时观测3次[9]。宛敏渭除了日常观测外，每日上、下午还要跑到电报局发气象电报到气象研究所。夏秋飓风期间，晚间还要加发电报一次，用于预报和绘制天气图。虽然当时安徽在芜湖设立了海关气象站，各地还有教会观测，但这些都是其他国家代为观测记录的。宛敏渭的气象观测资料是近代中国人独立自主观测记录的气象资料，在安徽近代气象史上是极其珍贵的。观测资料除包括安庆市逐日的气温、降水外，还包括气压、气温、湿度、雨量、蒸发、天气现象、云量、风向和风速9项气象要素的观测记录。观测工作是重复且繁琐的，虽然那时并没有严格的数据质控，但宛敏渭却自我要求严格、精确。记录完之后，每月还需要将数据整理和抄录两份，一份自存，一份寄送气象研究所。在寄送之前必须进行准确的校对。宛敏渭还一直谋划建设全省的气象观测网，收集整理了安徽各地的气候、灾异、民谚等大量资料，为后人研究安徽气候变化提供了重要的参考。

3.3 丰富地方气候学和气候史研究内容

中华人民共和国成立前，宛敏渭在社会动荡不安，经济困难，气象研究经费几乎为零的年代，除了完成日常繁重的气象业务工作外，依然坚持气象科研活动。从气象练习班毕业后，宛敏渭重点开展了地方气候和气候史的相关研究，在安徽工作期间，宛敏渭利用气象观测资料和气象知识撰写了《今夏本省之奇热》，发表在《安徽建设季刊》创刊号上，对当时天气异常炎热现象进行了科学解读，破除了社会上封建迷信的言论。在安庆当测候员时，他编写了《安庆之气候》。去重庆后，他研究了当地的气候并撰写了《北碚气候志》。1955 年，他与吕炯先生合作撰写了《江淮流域气候上的水旱类型》[10]。这些关于地方气候的研究，分析了当地气候的特点及形成原因，为趋利避害、了解并利用气候资源提供了科学依据，有着较高的学术价值。

气候史方面，他撰写了《二十四气与七十二候考》[11] 及其续篇 [12]，先后发表在《气象杂志》1935 第 11 卷第 1 期和第 3 期，《中国之物候》[13] 发表在《气象学报》1942 年第 16 卷上。宛敏渭是近代较早对我国古代物候知识进行系统研究的学者之一，他在《二十四气与七十二候考》与《二十四气与七十二候考（续）》中对节候在古籍当中的记载、与历法的关系，以及二十四气起源、七十二候之递变都进行了深入的探讨、分析。对民国时期的气候史学研究做出了一定的贡献。

3.4 创建中国现代物候学

宛敏渭是中国现代物候学的奠基人之一，他在竺可桢先生的带领下，将中国传统物候观测定律和西方现代物候学相结合，创建了中国现代物候学。主要有以下几方面的贡献。

3.4.1 参与建设中国物候观测网并制定了统一的观测标准

物候学也被称为生物气候学，是一门介于生物学和气象学之间的学科。中国虽然是世界上最早记录物候的国家但却没有形成系统的学科 [14]。物候学是宛敏渭气象科研的重点领域，他很早就对物候学开展了研究，1949 年以前就撰写了《中国之物候》等专业论文论著。1961 年宛敏渭与当时的中国科学院副院长竺可桢教授配合，开始系统开展物候研究工作，1962 年受竺可桢先生委派，宛敏渭筹建了北京物候观测点，在北京颐和园开始了定点观测，并每天亲力亲为开展观测。1963 年初，他制定了全国统一的物候观测法，组织建立了全国物候观测网（CPON）[15]，不仅积累了资料，而且推动了各地区物候工作的开展和应用。经过不断完善，CPON 现有观测站 30 个，其中自然物候观测站 26 个，观赏性花木观测基地 4 个，主要观测物种为木本植物。各地观测站的观测对象包含 35 种共同观测植物、127 种地方性观测植物、12 种动物、4 种农作物和 12 种气象水文现象。

3.4.2 提出现代物候学观测方法，普及物候学等气象知识

1955 年，宛敏渭独著了《农业气象物候观测法》，该书详细介绍了物候观测的意义，

以及观测的方法和在农业上的运用，对全国物候观测工作的开展有着实践指导意义[16]。宛敏渭于 1962 年 3 月和 1963 年 1 月分别发表了《物候与农时》(独著)[17] 和《一门丰产的科学——物候学》(与竺可桢合著)[18]，传播物候学知识。1963 年，宛敏渭与竺可桢教授合著《物候学》一书，该书较为通俗地介绍了物候学的基本知识及全国各地的物候概况[19]，是一本既传播科学知识又切合实际的优秀科普读物，先后出版 20 万册并被翻译成多国语言，获评全国优秀图书。竺可桢曾把《物候学》送给毛泽东，这本书也成为毛泽东晚年阅读过的科普书籍之一。《物候学》一书的出版标志着中国现代物候学的正式建立，使得当时的中国农业在《物候学》指导下有了新突破。除此之外，宛敏渭撰写的《唐宋诗中的物候》被选入中学语文课本。

3.4.3 进一步完善物候学和农业气象学的理论和实践知识体系

根据多年的研究经验，1964 年以后，宛敏渭陆续独立和带领他人编著了《怎样观测物候》[20]《论北京物候季节的划分与农时预测》[21]《中国物候观测方法》[22] 等论著。1975 年开始，根据竺可桢的遗愿，宛敏渭开展物候与农业季节关系的研究，划分物候季节，编制自然历，并于 1986 年出版了《中国自然历选编》[23] 一书，于 1987 年出版了《中国自然历续编》。此外，他还根据多年观测资料的整编和积累，编写出版了《中国动植物物候图册》[24]，进一步完善了物候学的科学理论和实践知识体系。除了物候学外，宛敏渭在农业气象方面也有所建树，撰写过《冬小麦播种期与生长发育条件的农业气象鉴定》[25]《农业气象站的设立与农业气象观测简述》[26] 等文章，为进一步推动我国农业气象的发展贡献了力量。

4 宛敏渭对现代中国气象事业的启示

1932—1987 年，宛敏渭从 22 岁开始在安徽省建设厅工作直到 77 岁高龄从中国科学院退休，历时 55 年，从事了大半个世纪的气象工作，用一生为中国的气象事业发展默默奉献。1984 年中国气象学会成立 60 周年大会上，宛敏渭等曾在北极阁工作的参会人员合影留念（图 1），他们代表了跨越时代的气象从业者。1984 年 10 月和 1985 年 10 月，宛敏渭分别被中国气象学会和中国科学院授予"从事科学工作五十年"荣誉奖状。

图 1　宛敏渭（第 1 排右第 4 人）参加中国气象学会成立 60 周年合影

4.1　为国测天爱国奉献

宛敏渭的经历是中国气象先驱的缩影，也是我国近代以来气象业务和科研工作的见证，他个人的成长与中国近现代气象事业的发展同步，亲历亲见气象诸多领域（台站建设、观测、发报、农业气象、物候、科研等）发展历程。中华人民共和国成立之前由于时任政府不重视气象科技[27]，他几乎凭一己之力开创了安徽的气象事业。

宛敏渭的起点并不高，只是参加了半年左右的气象练习班，没有留过洋也没有在高等学府进行过深造，但却自学成才，成长为一名气象学家。他数年如一日勤学上进，不断充实气象知识和相关技能，自学了英语、俄语，甚至达到了可以翻译专业书籍的水平。宛敏渭一直基于实践活动及时有效地进行科学研究。在战火纷飞动荡不安的年代，他也坚持一边从事具体的气象观测等业务工作，一边进行科研攻关著书立说，一生中撰写发表论文 20 余篇，出版学术专著 20 余部，是我们现在所提倡的研究型业务人才的榜样。

4.2　良师指引不负栽培

纵观宛敏渭的一生，他的每一步成长都离不开良师竺可桢的引导和影响。竺可桢是我国近代气象学的奠基人，他还是一名优秀的教育家，开创了中国气象教育事业，培养了张其昀、胡焕庸、向达、王庸、吕炯、陈训慈等一批大师级的人物[28]。宛敏渭虽然只是他开办的气象练习班的一名学员，但他依然用心提携、因材施教，看到宛敏渭对物候学的兴趣和能力，便尽心栽培、全力帮助，让其发挥自己的专长。气象事业发展的关键就在于人才的培养和运用，竺可桢先生对宛敏渭的"传帮带"对当今的人才建设也有很好的借鉴意义。受恩师竺可桢伟大人格的熏陶和影响，宛敏渭形成了认真负责的敬业精神，每件事都力求做好。晚年的宛敏渭系统整理和总结了竺可桢的物候学研究及当代价值，并于 1990 年在 80 岁高龄时发表了论文《竺可桢对我国物候学的贡献》[29]，为学术界开展对竺可桢先生的研究提供了重要参考资料。

5 结语

宛敏渭由一名小学教师自学成才为一名气象学家。1949 年以前他筹建安徽省近代第一个官办气象测候所、独立自主观测记录安徽珍贵气象资料，丰富了地方气候和气候史研究内容。中华人民共和国成立后，他重点开展了农业气象和物候学领域的科学研究，建设了中国物候观测网，制定了统一的观测标准，提出现代物候学观测方法，进一步完善物候学和农业气象学的理论和实践知识体系。宛敏渭是中国本土培养的气象学家，几十年如一日对专业知识精进不已。宛敏渭这一生所获得的荣誉和奖励并不算多，但无论在何种境遇他都不忘建立中国独立自主强大气象事业的初心，默默奉献。宛敏渭作为老一辈气象人的代表，是中华民族伟大创造精神、伟大奋斗精神的忠实实践者。

参考文献

[1] 钱馨平 . 中国近代气象学科建制化研究 [D]. 南京：南京信息工程大学，2020.

[2] 王奉安 . 我国近代气象科学研究机构及其贡献述略 [C]// 中国气象学会 . 推进气象科技

创新加快气象事业发展：中国气象学会 2004 年年会论文集（下册）. 北京：气象出版社，2004：45-46.

[3] 吴雅兰 . 竺可桢：求是精神永放光芒 [J]. 北京教育（高教），2018：97-100.

[4] 王东，丁玉平 . 竺可桢与我国气象台站的建设 [J]. 气象科技进展，2014，4（6）：66-67.

[5] 陈学溶 . 南京北极阁曾是中国气象人才的"摇篮" [J]. 大气科学学报，2014，37（5）：671-672.

[6] 张璇，彭煜清 . 民国时期我国气象事业发展初探：以史镜清为例 [J]. 黑龙江史志，2014（13）：85，87.

[7] 吴增祥 . 中国近代气象台站 [M]. 北京：气象出版社，2007.

[8] 孙毅博 . 国立中央研究院气象研究所与民国气象测候网建设 [C]// 中国科技史学会 . 第三届全国气象科技史学术研讨会论文集，2017.

[9] 黄逢昌 . 视察各地测候所报告 [J]. 中国气象学会十周年纪念刊，1935：125-138.

[10] 吕炯，宛敏渭 . 江淮流域气候上的水旱类型 [J]. 地理学报，1955，21（3）：245-258.

[11] 宛敏渭 . 二十四气与七十二候考 [J]. 气象杂志，1935（1）：24-34.

[12] 宛敏渭 . 二十四气与七十二候考（续）：Ⅲ七十二候研究 [J]. 气象杂志，1935（3）：119-131.

[13] 宛敏渭 . 中国之物候 [J]. 气象杂志，1942（2）：186-193.

[14] 成青 . 竺可桢的物候学研究与影响 [D]. 杭州：浙江工业大学，2019.

[15] 葛全胜，戴君虎，郑景云 . 物候学研究进展及中国现代物候学面临的挑战 [J]. 中国科学院院刊，2010，25（3）：310-316.

[16] 宛敏渭 . 农业气象物候观测法 [M]. 北京：财政经济出版社，1955.

[17] 宛敏渭 . 物候与农时 [J]. 科学大众（中学版），1962（3）：87.

[18] 竺可桢，宛敏渭 . 一门丰产的科学：物候学 [J]. 科学大众，1963（1）：6-8.

[19] 竺可桢，宛敏渭 . 物候学 [M]. 北京：科学普及出版社，1963.

[20] 宛敏渭 . 怎样观测物候 [M]. 北京：北京出版社，1964.

[21] 宛敏渭 . 论北京物候季节的划分与农时预测 [J]. 农业气象，1980（4）：1-9.

[22] 宛敏渭，刘秀珍 . 中国物候观测方法 [M]. 北京：科学出版社，1979.

[23] 宛敏渭 . 中国自然历选编 [M]. 北京：科学出版社，1986.

[24] 宛敏渭，刘秀珍 . 中国动植物物候图集 [M]. 北京：气象出版社，1986.

[25] 宛敏渭.冬小麦播种期与生长发育条件的农业气象鉴定 [M].北京：科学出版社，1958.

[26] 宛敏渭.农业气象站的设立与农业气象观测简述 [J].农业科学通讯，1954（7）：579-582.

[27] 张璇.民国时期中国气象学会会员群体研究（1924—1949）[D].南京：南京信息工程大学，2015.

[28]《气象》编辑部.卓越的科学家竺可桢同志对我国气象科学的重大贡献 [J].气象，1978（8）：1-4.

[29] 宛敏渭.竺可桢对我国物候学的贡献 [J].地理学报，1990，45（1）：14-21.

清末《图画新闻》中气象记录的
分析与验证

司红君[1]　孙大兵[2]　何冬燕[3]　付　伟[2]　王亚玲[2]　张　丽[2]　邓学良[4]

（1.无为市气象局，无为 238300；2.芜湖市气象局，芜湖 241000；

3.安徽省气候中心，合肥 230061；4.合肥市气象局，合肥 230041）

摘要： 收集和整理清光绪三十三年（1907 年）十一月至宣统二年（1910 年）十一月，上海滩最著名的三大时事新闻画报之一的《图画新闻》，遴选出 40 张与气象相关的画报资料，统计分析其记录的气象事件，包括大风 15 次，雨 11 次，水灾 10 次，雷电和雪各 7 次，干旱 3 次，冰雹 2 次，龙卷 1 次，另外还包括气候事件和国外人工降雨试验各 1 次。这些气象记录虽内容丰富，但部分事件缺少详细的时间信息。根据画报制版边框、画报中的历史事件及地方志等资料推断这些气象记录的时间、地点等详细信息，并查阅芜湖海关同期气象观测记录，对其中的个别新闻进行了真实性验证。最后，与《中国三千年气象记录总集》中的气象记录进行查对，发现有 9 条气象记录有相关记载，且有更详细的时间信息和灾害描述，其余 31 条没有记载。验证结果表明，这些气象事件真实可靠，可充实清末的气象记录。

关键词： 清末，《图画新闻》，气象记录，详细时间推断，真实性验证

 引言

历史气象记录是人类的文化和科学遗产，17 世纪中叶，西方传教士将近代气象仪器传入我国[1]，此后器测气象观测记录陆续在我国出现。清朝末年，中国内忧外患，科学

本文已发表于《气象科技进展》2022 年第 3 期。

资助项目：国家重点研发计划（2017YFD0301301）；合肥市关键技术"借转补"研发项目（J2020J07）。

技术发展步履维艰，气象工作不健全、气象记录不系统。当今，我们所见的清末气象记录来源主要有三个渠道：一是西方列强为侵华目的服务而在海关、教会等地点进行的气象观测；二是国内各种史料，包括史书、年报、年表、公文、信件、航海日志、报刊记载、私人日记等，可以从中提取与历史气候有关的信息[2]；三是中外探险家、科考团等开展的气象观测[3-6]。目前，关于海关气象和教会气象的研究较多，诸如：吴增祥[7]、杨萍等[8]、宋建萍等[9]对于中国近代海关气象观测有深入的研究；吴燕[10-11]对徐家汇观象台的科学工作及特点、气象工作以及气象台网等进行了系统研究；何溪澄等[12]从《海关医报》中挖掘相关资料，对1877—1894年广州的气象观测记录展开研究。而对于清末新闻报刊气象记录的收集、整理和研究工作开展得较少，对清末上海滩最著名的三大时事新闻画报之一的舆论时事报《图画新闻》中的气象记录，还尚未发现有学者进行研究。

因此，本文选择《图画新闻》作为研究对象，收集其中记录的气象相关事件，对这些记录进行整理和分析，并对其模糊时间进行推断，确定详细时间，以期进一步完善和增补现有的气象记录，为了解清末我国气象和气候情况提供真实的佐证，也为社会、经济和生态研究提供有益的线索。

1 资料来源及研究对象背景

1.1 资料来源和方法

本文使用的《图画新闻》资料来自芜湖市气象局组织的网络搜集和文物购买，以及当代出版物转载。网络搜集、文物购买获取的资料，刊行时间为：光绪三十四年（1908年）三月至宣统二年（1910年）十一月。其中纸质原件42张，电子版64件，与气象相关的画报共计36张。当代出版物为《光绪老画刊——晚清社会的＜图画新闻＞》，其转载的《图画新闻》内容，刊行时间为光绪三十三年（1907年）十一月至三十四年（1908年）二月，画报共计275张，其中有4张与气象相关，气象相关记录共计40条。

另外，为验证这些记录中所记载气象事件的真实性，将其与同期气象观测记录和现有清代气象记录集进行了对比。由于年代久远，其中绝大部分事件发生地没有同期观测记录，因此，此类对比仅对发生在安徽芜湖市的一个事件进行验证。芜湖市气象观测站是安徽省近代最早的气象观测站，自 1880 年开始进行气象观测，距今已有 140 多年的历史，2020 年该站被世界气象组织（WMO）认定为"世界百年气象站"。其中 1880 年 3 月—1937 年 11 月气温和降水资料摘自芜湖海关的逐日气象观测记录，该记录现存于中国气象局档案馆。另一种真实性验证方法是将本文所收集的气象记录与由张德二主编的《中国三千年气象记录总集》[13] 查对验证，该气象记录集所载我国历史文献气象记录跨越时间长、覆盖地域广、内容齐全、考订认真，是研究我国古代气候变化极其珍贵的第一手资料 [2]，为方便行文，《中国三千年气象记录总集》在下文中均以《总集》为述。

1.2 《图画新闻》

本文的研究对象为新闻画报《图画新闻》，其内容涵盖了《时事报馆印行图画新闻》《时事报图画杂俎》《舆论时事报图画新闻》。为方便行文，文中均以《图画新闻》为述。

清末，西方石印技术的引进和推广降低了刊物成本，从而导致中国报刊出版业的兴旺 [14]。当时社会大部分劳动人民目不识丁，画报的出现满足了大众了解时事、获取知识的渴望。1875—1911 年全国大约出现了 70 种石印画报 [15]。而上海出版的画报占全国一半，因此也成为全国画报业的中心。上海画报业的繁盛是《图画新闻》产生、发展的重要前提 [16]。

在晚清的画报中，《图画新闻》学界鲜有关注，一方面由于其创刊时间晚，另一方面是其名号多有周折 [17]。1907 年 12 月 9 日，《时事报》于上海创刊 [18]，随刊赠送《时事报图画旬刊》，每月出三册，同时零售 [19]。1908 年 2 月 29 日，上海《舆论日报》创办《图画》专刊，随大报附送。1909 年 3 月 1 日，《时事报》与《舆论日报》合并为《舆论时事报》后仍每日出版画报，称《舆论时事报图画新闻》，与《点石斋画报》《飞影阁画报》并称为上海滩最著名的三大时事新闻画报。

《图画新闻》的主要画师和撰稿人都是当时颇具名气的文人，以图文并茂的形式报道和记录了晚清时期国内外的要闻奇趣。但从根本上说，它依然是新闻，真实性是最基本要求 [20]。因此可以说，《图画新闻》忠实记录了 1907—1911 年中国社会的真实状况 [17]。

《图画新闻》中刊登的气象记录

2.1　气象记录内容

收集到的40份《图画新闻》气象记录的内容概要、发生地点和类别具体见表1，这些记录十分丰富，有风、雨、雪、雷电、雹、龙卷等灾害性天气；还有干旱、水灾等气象灾害，描述了灾害发生的范围、危害程度、灾后赈济、蠲（juān）免、饥荒、流亡等。其中，大风相关记录出现的次数最多，为15次；其次是雨和水灾，分别是11次和10次；雷电和雪均出现了7次；干旱和冰雹分别出现了3次和2次；龙卷1次。另外，序号11"菊蕊冬荣"篇，关注了气候对植物物候的影响，序号32"用炮致雨之难行"篇，对国外开展的人工降雨试验进行了报道。

表1　《图画新闻》中刊登的气象记录

序号	事件	文字内容节选	地点	类别
1	风灾	苏垣于本月初二日午正，忽然雷电交作疾风暴雨。街道行人竟至绝足直逾两刻钟始歇。所有平桥中军署及都城隍庙旗杆均被吹折其一。胥门外牛王庙河中泊有糠船一艘亦被吹覆。其余走锚之船暨坍塌墙垣者尚不一而足	江苏苏州	雷、风、雨
2	许医生无端丧身	日前午后，苏垣陡起大风，河中船只大半倾覆。是日，胥门外有医生许某乘轿至乡诊病归家。行经横塘猝遇狂风……竟为疾风卷入胥江。四轿夫一医生均与波目为伍，无一生者	江苏苏州	风
3	水灾（湖北）	自五月二十八日后，连朝大雨。武汉各处地势稍低者几成泽国，各街巷房屋多遭倾塌。汉镇苗家码头压毙多人。武昌鲤鱼套附近棚户因降水骤涨无处置身	湖北武汉	雨、水灾
4	记江夏县水灾	六月初四日，江夏县南乡李家集地方出蛟，冲去附近三哄桥娘子湖，沉没雨村庄。计田八十余亩、溺毙人民七十有零、牲畜则不计其数，五里界一带皆一片汪洋。又湖南来信，五月二十八日大雨时，洞庭湖王爷庙前，打沉小拔船三十一只，淹毙人十七名	湖北武汉江夏湖南洞庭湖	雨、水灾

序号	事件	文字内容节选	地点	类别
5	饥民一饭换妻	湖北沔阳州去年水灾最重,饥民之流离者弥目皆是	湖北沔阳	水灾
6	沧州风灾	直隶天津府属之沧州于上月二十四日下午一钟,陡起怪风。某村房屋向只六十余家,各房顶均被掀去。各村多年大木被拔者约二千株,村中辘轴等物随风飘滚……甚至某村民当风势猛烈之际,竟被风力吸提空中,行经十数里方从天而坠,肢体伤残,因而毙命。田中牲畜一时赶收不及,以致刮走失迷者,尚难指计……至于大田多稼,无一不经大风扑折,倒垂满地。直至七钟,风力始杀,诚巨灾也	河北沧州	风
7	广东女子卖物赈灾	粤省此次水灾甚重。欲谋赈济,筹款维艰。善堂行商,及绅商学报各界,因有创办女子卖物赈灾之义	广东广州	水灾
8	江宁风	江宁于初四日午后一时,狂风雷雨同时并作。劝业会向帮办预知雨势过猛,会场房屋必有倒塌之虞。立率事务所各员冒雨向各处巡视,以便设法保护正在指挥之际。而东三省动物园与小团茶社各屋相继震塌……共计受伤者十三人	江苏南京	风、雷、雨
9	大家痛哭	郑君灿章,报告调查皖北灾情。另具报告书一纸,约数万言。郑君且说且哭,说至惨痛处,伏案大恸	安徽北部	灾
10	飓风覆舟	冬初,营口地方,狂风大作,走石飞沙,继以冰雹雨雪。河内船只曾被损伤者,以百数十计,淹毙二百余人	辽宁营口	风、雹、雨、雪
11	菊蕊冬荣	广西桂林省城,近来天气异常和暖。时交十一月中旬,盆菊尚争妍斗丽,不减重九风光。观者咸以为罕有云	广西桂林	气候
12	宁海水灾	宁海州西南乡,博格庄至冶头村近海一带,某日忽骤风急雨,海浪涌上平地深丈余。庐舍牲畜尽被淹没,人口亦伤至五百多名。诚巨灾也	山东烟台	风、雨、水灾
13	渔船遭灾之惨闻	宁波近海居民,捕鱼为业者,不下数万人。某日飓风为灾,覆没渔船十余只,桅樯受损者,约百余号	浙江宁波	风
14	大风失孩	奉天朝阳府左近某村,三月十八日,忽起大风。村内一小孩与两女在外游戏,竟被风刮去	辽宁朝阳	风

序号	事件	文字内容节选	地点	类别
15	雷击蜈蚣	四月三十日下午，阴云密布，大雨滂沱之时，天津东乡范庄子某甲，在田洼内捡柴回家。身负柴筐，行至途中，雷声忿震。随将柴筐放于路旁。忽霹雳一声，火光自筐内出。见有二尺长之蜈蚣一条，已经击毙	天津	雨、雷
16	喜雨	德化县入夏以来，久旱不雨。早禾欲槁，晚稻未播……六月朔旦，绅民群赴邑庙祈雨。大令亦步行至。是晚大雨。霖霡连朝。至初七尚未已。早禾浡然而兴，晚秋得资播种，农民大喜	福建德化	旱、雨
17	大风吹去雨孩	七月二十二日，绍兴府属上虞县南乡某山庄，有十余岁两儿均被大风吹去。过一山顶，方始落下，幸并不受伤	浙江绍兴	风
18	长春下雪	字林报接华七月三十日长春来电云，此间自二十八日以来，气候骤冷，天忽降雪，遍地皆白，有数处竟积至三寸厚云	长春	雪
19	怪风	福建美以美牧师李渭丞氏，近由福清龙田乡返兴化。谓八月十七日，江阴海面突起一道黑云，广约数丈，行若闪电。所过之处，飞瓦倒墙。龙田居民被其灾者甚多……有一乡人被风卷入空中，高数丈，旋即坠下，幸得不死……乡之对村一屋，被其摧倒，压毙一妇人。风过海面，船覆数十艘。诚巨灾也	福建	雷、风
20	奉省大雪	奉天铁岭地方，本月十三日，天气转寒。十四日西风陡起，彤云密布。至夜一时遂降大雪，至翌晨始止，积雪约六七寸。奉天省城，亦于十四夜降雪，天气骤寒	辽宁铁岭	雪
21	电毁木偶	福建兴化府仙游县孝仁里埔兜乡，有龙兴宫中祀关帝。前月某日大雨，神座前电光闪烁，关帝绣袍被焚。其冕则上腾天际，而后坠地，像成斋粉	福建兴化（莆田）	雷、雨
22	大风伤蔗	福建漳州，蔗糖之利夙称优厚，故种蔗者较前益多。不料日前大风数日，所种之蔗损伤大半，恐明春制糖原料必将减少云	福建漳州	风
23	皖江中学堂被风吹塌	芜湖皖江中学堂，建于赭山山巅，楼房高耸。一日被风吹塌，压伤学生二人，余俱幸免	安徽芜湖	风
24	芜湖苦旱	芜湖天时亢旱，已将匝月。稻颗正值饱浆，半就黄萎。其高阜之田半生龟坼，均以秸槔从事，呀之声通宵达旦。收成必因之大减色矣	安徽芜湖	干旱

续表

序号	事件	文字内容节选	地点	类别
25	难民来申	昨有湖北沔阳州遭水难民二百余人，逃荒来沪	湖北沔阳（仙桃）	水灾
26	固始蛟水为灾	豫南一带地僻山多，近因山水暴发，河水陡涨。日昨固始县南乡余庙地方，又起蛟水，冲去民房三百余间，并伤人口七十余人，牲畜田产之付于泽国者，尤难计数	河南固始	水灾
27	水火未济	江西广信铅山县各乡近因月余不雨，旱象已成。前日有某乡绅等率同农民三十余人，至附近某庙求雨，不意纸帛馀烬，延烧林木	江西上饶铅山	干旱
28	颜太夫人发仓粟赈饥	颜中丞希深，乾隆时官平度州知州，于役省垣，州遭大水，城不没者数版。灾民嗷嗷，流离载道。太夫人闻而恻然，命发仓粟，尽数赈饥，民赖以生	山东平度	水灾
29	湖州雪	湖州于上月杪细雨绵绵。阴晦数日。二十八日下午三句钟时，忽然雪花飞舞。虽为时未几，即行停止，而寒气袭人	浙江湖州	雨、雪
30	大风至	曲阜孔林老树参天，一见即足令人肃然起敬。上月×日，忽然风电驰骤，树株被伤者甚众。有大可三四围即将树身全行拔起欹倒于地者；有将树头全行扭折者；有将树身摧残半落者。统计大小树株共损伤一千四百七十九株。林内又有石牌楼一座，亦被风吹欹	山东曲阜	风、雹
31	演惨剧封姨发威	本月十六日，天气清明、南风甚微。而汉阳淮盐公所一带，于是日正午忽起飓风数阵。其势甚劲，将盐公所间壁某茶庄及某某等姓小房吹倒数栋。一时屋内外及行人退避不及，压毙七八人，伤二十余人……此风只发于该地一段，他处俱未见风势	湖北武汉	风
32	用炮致雨之难行	西人见战陈之后必有大雨，疑空气为炮火所激荡而然，遂有以此致雨之法。用炮火于半空中轰击。然一试于美洲，一试于澳洲	—	人工降雨试验
33	羊角风	六月二十二日午后，镇江邹家巷体育会操场左近忽起怪风数阵，其势甚劲，俗谓之羊角旋风。将某染坊所晒之布，尽行吹入空际，远飏至数百丈之外，附近草棚吹倒三四间，幸未损伤人口。最奇者此风只发于该地一段，他处俱未见风势	江苏镇江	龙卷

序号	事件	文字内容节选	地点	类别
34	六月飞雪异闻	江西丰城县,距城十余里某乡,忽于上月二十三日飞雪,至十分钟之久,乡民大为惊异	江西丰城	雪
35	触电气击伤大树	扬州南城外宝轮寺有银杏一株,大可合抱。二十二日忽然雷电交加,该树因触电气劈分两段	江苏扬州	雷
36	雨灾	扬郡各乡前日大雨倾盆,后被水冲倒民屋淹毙人畜甚多。城中平地水深数尺,浸及行人腰际。辕门桥教场街等处,亦被淹没	江苏扬州	雨、水灾
37	蚁劫	某日下午,浓云密布,雷电交加。忽然霹雳一声,竟将棕树并蚁巢击下,多数蚁虫纷纷如雨。适有某甲经过其地,见其树尚有电火	江西南安	雷
38	大风覆舟	昨晨本埠狂风大作,一时浦江中所泊船只走锚断链者,不一而足。至午前十时,有杜家行航船一艘,满装白花数十包,驶抵龙华迤西沈家湾地方,突遇飓风,因而倾没,货物悉付中流。附近邻船往救。船户及搭客均已入水,尚未知已否悉数救起也	上海	风
39	雪兆丰年	江省入冬以来,天气和暖,未有雪泽。本月初虽微见霏洒,但点地立化,未久即止。初十日彤云密布,朔风怒号,夜半果祥霙大沛。历十一日终日,犹未少止。鸳鸯□上已积有数寸厚。时届隆冬,得此渥泽,来岁丰亨之兆	—	雪
40	天变	黑龙江省汤汪河迤北群山延亘,上月念日午前天气郁蒸,午后五钟时,忽转烈风。四山木叶乱飞,气候严冷。旋见天空降雪,旋降旋消,傍晚雪止,厚及六寸余。东西五十里南北百余里,幸未及群山以外,田禾故亦未甚受灾,该处民人咸称为罕见云	黑龙江	雪

2.2 气象记录详细时间推断

2.2.1 气象记录现有时间信息

收集到的 40 份《图画新闻》气象记录中,有一部分标明了刊行的日期(年、月、日均记录),在画报配文中也有气象事件发生的日期。有一部分因画报版式不同,或页面缺失，没有刊行日期，仅画报配文中有气象事件发生日期。

因新闻具有及时性属性，所述一般为当年事件，故配文中气象事件的发生日期，通常无年份信息，但会写明"本月""上月"等月份信息，更严谨者则会写明详细月、日甚至时刻。还有一部分时间信息不全或没有时间信息可寻，具体见表2。

表2　40份《图画新闻》气象记录现有时间信息

事件序号（见表1）	出版时间				气象事件时间信息		
	年	月	日		月	日	时刻
1、20、29、31、33、34	√	√	√		√	√	√
21、22、24、27	√	√	√		√	—	—
25、26、35	√	√	√		—	√	—
37	√	√	√		—	—	√
32、36	√	√	√		—	—	—
10	√	√	—		√	—	—
11	√	√	—		√	√	—
12、13	√	√	—		—	—	—
38	—	√	√		—	√	√
30	—	√	√		—	—	—
5、9、28	—	√	√		—	—	—
15、16	—	—	—		√	√	√
3、4、7、14、17、18、19	—	—	—		√	√	—
6、8、39、40	—	—	—		—	√	√
2	—	—	—		—	—	√
23	—	—	—		—	—	—

注：√ 指有此项时间信息，— 指无此项时间信息。

2.2.2　根据制版边框推断年份信息

目前收集到的《图画新闻》页面，共有 6 种不同的制版边框。制版边框不同主要有两种原因，其一，在《图画新闻》合并为《舆论时事报图画新闻》之前，市面上有《时事报馆印行图画新闻》《时事报图画杂俎》，此两种画报制版不同；其二，合并后的《舆论时事报图画新闻》在不同的时间段采用了不同的制版边框，笔者推断是为了新颖和美观考虑。基于已收集到的《图画新闻》，具体制版边框与发行时段详见表 3。据此，可确定无年份信息的 20 份气象记录的具体年份。

表 3　《图画新闻》制版边框与发行时段

制版边框图样	发行时名称	发行时段
	《时事报馆印行图画新闻》	清光绪三十四年三月至八月
	《时事报图画杂俎》	清光绪三十四年四月至十二月
	《舆论时事报图画新闻》	清宣统元年七月
	《舆论时事报图画新闻》	清宣统元年八月至宣统二年元月
	《舆论时事报图画新闻》	清宣统二年二月至七月
	《舆论时事报图画新闻》	清宣统二年八月至十一月

2.2.3 根据其他史料推断时间信息

40 条气象记录中，序号 8 "江宁风"（内容见表 1）中时间信息仅有配文所述气象事件发生时间为 "初四午后一时"，无其他时间信息。根据画报制版边框可将该报纸刊行日期确定在宣统二年（1910 年）二月至七月。"江宁风"配文中提到 "劝业会向帮办预知雨势过猛"，地点又在南京江宁，再结合年份信息，可推知事件发生的历史背景为发生在宣统二年四月十八日至十月二十八日（1910 年 6 月 5 日至 11 月 29 日），中国历史上举办的第一次 "世博会" ——南洋劝业会。综合来看，该气象事件发生的时间信息应为宣统二年（1910 年）五月初四或六月初四。出版于 1935 年的《首都志》卷十六大事记中记载："宣统二年，南京市，六月，大雨雷电以风。" 可以判断序号 8 气象事件的时间为宣统二年（1910 年）六月初四。

序号 2 "许医生无端丧生"中无任何时间信息可寻，但根据画报制版边框可知，报纸的刊行日期确定在宣统二年（1910 年）二月至七月；其内容见表 1，气象事件发生的地点在苏垣，与宣统二年（1910 年）六月初八《舆论时事报图画新闻》"风灾"（内容见表 1 序号 1）中所叙地点一致。此外，《吴县志》卷五十五祥异记载："宣统二年，六月初二日，大风吹覆枣市桥河乘船，溺死杨辛生。" 综合来看，两者应为同一事件，因此推断序号 2 气象事件的时间为宣统二年（1910 年）六月初二。

2.2.4 详细时间推断结果

根据上述方法，对收集到的 39 份记录中气象事件的发生时间作出推断，部分记录精确到了时刻，甚至有起止时间。此外，序号 9 与序号 28 为赈灾相关社会活动记录，时间信息不全，序号 32 为记录国外人工降雨试验新闻，试验具体时间无处考证，因此，仅登录其新闻刊发时间。具体结果见表 4。

表 4 推断补充后《图画新闻》气象事件发生时间

序号	事件	时间	备注
1	风灾	清宣统二年（1910 年）六月初二午正	*
2	许医生无端丧生	清宣统二年（1910 年）六月初二午后	*
3	水灾（湖北）	清光绪三十四年（1908 年）五月二十八	
4	记江夏县水灾	清光绪三十四年（1908 年）五月二十八、六月初四	

续表

序号	事件	时间	备注
5	饥民一饭换妻	清光绪三十四年（1908 年）	
6	沧州风灾	清光绪三十四年（1908 年）六月二十四日下午一钟	*
7	广东女人卖物赈灾	清光绪三十四年（1908 年）七月初九至十五	
8	江宁风	清宣统二年（1910 年）六月初四午后一时	*
9	大家痛哭	清宣统二年（1910 年）十月十五	○
10	飓风覆舟	清光绪三十三年（1907 年）十一月初	
11	菊蕊冬荣	清光绪三十三年（1907 年）十一月中旬	
12	宁海水灾	清光绪三十三年（1907 年）十一月	
13	渔船遭灾之惨闻	清光绪三十三年（1907 年）十二月	
14	大风失孩	清光绪三十四年（1908 年）三月十八	
15	雷击蜈蚣	清光绪三十四年（1908 年）四月三十日下午	*
16	喜雨	清光绪三十四年（1908 年）六月初一至初七	△
17	大风吹去雨孩	清光绪三十四年（1908 年）七月二十二	
18	长春下雪	清光绪三十四年（1908 年）七月二十八至三十	△
19	怪风	清光绪三十四年（1908 年）八月十七	
20	奉省大雪	清光绪三十四年（1908 年）十一月十三至十五 （降雪时间为十四日夜一时至十五日晨）	* △
21	电毁木偶	清光绪三十四年（1908 年）十一月	
22	大风伤蔗	清光绪三十四年（1908 年）十二月	
23	皖江中学被风吹塌	清光绪三十四年（1908 年）	
24	芜湖苦旱	清宣统元年（1909 年）六月至七月	
25	难民来申	清宣统元年（1909 年）七月初十	
26	固始蛟水为灾	清宣统元年（1909 年）七月十六	

序号	事件	时间	备注
27	水火未济	清宣统元年（1909年）六月至七月	
28	颜太夫人发仓粟赈饥	清宣统二年（1910年）正月二十五	○
29	湖州雪	清宣统二年（1910年）五月二十八日下午三句钟	*
30	大风至	清宣统二年（1910年）五月	
31	演惨剧封姨发威	清宣统二年（1910年）六月十六日正午	*
32	用炮致雨之难行	清宣统二年（1910年）六月十九	○
33	羊角风	清宣统二年（1910年）六月二十二日午后	*
34	六月飞雪异闻	清宣统元年（1909年）六月二十三	
35	触电气击伤大树	清宣统二年（1910年）七月二十二	
36	雨灾	清宣统二年（1910年）七月上旬	
37	蚁劫	清宣统二年（1910年）七月某日下午	
38	大风覆舟	清宣统二年（1910年）十月十一日晨	*
39	雪兆丰年	清宣统二年（1910年）十一月初十至十一日	△
40	天变	清宣统二年（1910年）五月二十午后五钟至傍晚	* △

注：*指时间精确到年、月、日、时刻，△指记录了气象事件的起止时间，○指该份报纸的刊行时间。

3 气象记录真实性验证

不同来源的气候史料，可靠程度及存在问题均不相同，但经过认真的校勘和科学处理后，用以研究各种自然灾害的变化规律，具有相当的可靠性[21]。为验证《图画新闻》所记录气象事件的真实性，选取序号 24 "芜湖苦旱"事件进行验证。该新闻刊登于宣统元年七月初四（1909 年 8 月 19 日），据新闻记载，过去一个月芜湖经历了一场大旱，对农业生产带来了严重影响。统计芜湖海关记录的 1901—1910 年 7 月 20 日至 8 月 19 日同期高温日数（≥35℃）、降水量和降水日数（表 5）可以看到，20 世纪初 10 年，1909 年的高温日数同期最多,降水量和降水日数同期最少,高温日数是同期的 1.4 倍,降水量偏少 93.9%,降水日数偏少 33.3%,可以称得上是苦旱,说明新闻记录的事件是真实存在的。

表5 1901—1910 年 7 月 20 日至 8 月 19 日芜湖部分气象要素对比

年份	高温日数 /d	降水量 /mm	降水日数 /d
1901	0	65.3	5
1902	2	323.3	12
1903	2	382.0	6
1904	0	107.7	9
1905	8	166.6	7
1906	4	318.8	9
1907	14	248.7	7
1908	15	101.9	5
1909	16	11.9	5
1910	6	232.4	10

对比《总集》中的气象记录,本文所收集的气象记录中,序号 1~9(表1)在《总集》中可查询到相同天气过程的记录。其中,序号 1、2 为同一过程,3、4、5 为同一过程,这 9 条记录也说明了《图画新闻》中气象事件的真实性,并且这些气象事件的过程描述与时间信息详细,地点明确,可为《总集》补充一定的信息。具体增补情况见表6,其中增补的气象灾害记录仅统计数量(同一过程的不同灾害记录),详细内容见表1。

表6 对《总集》中已有气象记录的增补情况

《图画新闻》序号	增补信息		《总集》内容
	气象事件详细时间	气象灾害记录数量	
1、2	午正	2	第 3760 页,江苏省
3、4、5	始于五月二十八日	4	第 3748 页,湖北省
6	二十四日下午一钟	1	第 3745 页,河北省
7	—	1	第 3749 页,广东省
8	六月初四午后一时	1	第 3760 页,江苏省
9	—	1	第 3761 页,安徽省

序号 10 ~ 40 中的气象事件,《总集》中没有记载。其中,序号 20 "奉省大雪"、序号 40 "天变",对雪前天气状态的描述、降雪时间、雪止时间、积雪深度均有记录,且序号 40 还更加详细地记录了降雪过程中雪的状态、降雪范围和是否受灾。这些记录可以增加对清末气象事件与灾情方面的认识,具有一定的史料价值。

4 小结

收集清末舆论时事报《图画新闻》中的 40 张气象相关画报资料,对其中记录的气象事件进行整理和分析,对记录的模糊时间进行推断,并验证其真实性,结果如下:

(1)《图画新闻》记录的 40 个气象事件中,主要为各类灾害性天气和气象灾害。其中,大风出现的次数最多,为 15 次,雨和水灾分别出现 11 次和 10 次,雷电和雪各 7 次,干旱 3 次,冰雹 2 次,龙卷 1 次,另外还包括气候事件和国外人工降雨试验各 1 次。

(2)40 份气象记录中,大部分缺少详细时间信息。本文通过画报制版边框,确定部分记录的年份,根据画报中的历史事件、地方志等资料对这些气象记录的时间、地点信息进行整理、推断,确定完善其详细信息,部分记录精确到了时刻,甚至有气象事件的起止时间。记录中的 "芜湖苦旱" 事件与同期芜湖海关的气象观测记录相吻合,有 6 次天气过程的 9 条气象记录在《中国三千年气象记录总集》中已收录,验证了《图画新闻》中气象事件记录的真实性。

(3)清末社会动荡,缺乏系统的气象灾害记录,这些新闻画报将精确到年、月、日,甚至精确到时刻的气象事件记录保存下来,有些还记录了整个气象事件过程的起止时间,都是十分珍贵的。通过对这些气象记录具体时间的推断,可以在一定程度上对该时期的气象记录进行增补。另外,记录中的 "电毁木偶" "六月飞雪异闻" "菊蕊冬荣" 等,尝试用自然科学方法解释天气现象和自然灾害。在 "江宁风" 中,提到了 "劝业会向帮办预知雨势过猛,会场房屋必有倒塌之虞",也能够反映现清末社会对天气的预判和防灾减灾工作的投入。水灾类的 "大家痛哭" "广东女人卖物赈灾" "难民来申" 等,反映了社会各界关注灾区和灾民,进行的捐款帮助等社会活动,对于研究清末社会对天气气候的关注、自然灾害的应对有积极意义。

参考文献

[1] 吴增祥. 北京地区近代气象观测记载 [J]. 气象科技，1999，27（1）：60-64.

[2] 王丽华. 18 世纪历史文献气象记录的赋值研究：格点式降水量距平资料的反演和分析 [D]. 北京：中国气象科学研究院，2001.

[3] 李冬梅. 近代外国人历险记中的新疆天气：以《帕米尔历险记》为例 [J]. 气象科技进展，2020，10（2）：129-131，133.

[4] 刘亮. 20 世纪初荣赫鹏侵藏英军对拉萨等地综合探察的研究 [J]. 自然科学史研究，2012，31（3）：314-328.

[5] 吴燕. 1908—1909 年克拉克探险队在黄土高原地区的考察：基于《穿越陕甘》的探讨 [J]. 中国历史地理论丛，2008（4）：129-141，148.

[6] 徐近之. 青藏自然地理资料（气候部分）[M]. 北京：科学出版社，1959.

[7] 吴增祥. 中国近代气象台站 [M]. 北京：气象出版社，2007.

[8] 杨萍，王志强. 中国近代海关气象的发展及启示 [J]. 阅江学刊，2019，11（6）：24-32，117-118.

[9] 宋建萍，何晓，苏秀梅，等. 近代湖北海关气象观测档案初探：以江汉关、宜昌关、沙市关为例 [J]. 气象科技进展，2016，6（6）：71-74.

[10] 吴燕. 近代欧洲科学扩张背景下的徐家汇观象台（1873—1950）[D]. 上海：上海交通大学，2008.

[11] 吴燕. 徐家汇观象台与近代气象台网在中国的建立 [J]. 自然科学史研究，2013，32（2）：165-175.

[12] 何溪澄，冯颖竹.《海关医报》与 1877—1894 年广州气象观测记录 [J]. 气象科技进展，2017，7（3）：71-73，80.

[13] 张德二. 中国三千年气象记录总集 [M]. 南京：江苏教育出版社，2013.

[14] 韩丛耀. 中国近代图像新闻史：第二卷 [M]. 南京：南京大学出版社，2010.

[15] 彭永祥. 旧中国画报见闻录 [J]. 新闻与传播研究，1980（3）：161-166.

[16] 吴果中. 中国近代画报的历史考略：以上海为中心 [J]. 新闻与传播研究，2007，14（2）：2-10，94.

[17] 史晓雷. 从《图画新闻》管窥新旧思潮激荡下的晚清社会 [J]. 西南科技大学学报（哲

学社会科学版），2012，29（4）：36-42.

[18] 丁峰山 . 1907—1911 年"时事报"系列报纸与近代小说 [J]. 宁夏社会科学，2008
　　（3）：159-162.

[19] 刘精民 . 光绪老画刊：晚清社会的《图画新闻》[M]. 北京：中国文联出版社，2005.

[20] 罗铭，李建栋 . 论《图画新闻》的绘画语言表达 [J]. 书画世界，2017（4）：80-82.

[21] 许协江 . 我国利用历史文献研究气候变化的进展 [J]. 气象科技，1988，16（2）：52-57.

"用礮致雨之難行"已经"不难行"了——从馆藏资料探寻安徽省人工影响天气发展脉络

汪开斌

（芜湖市气象局，芜湖 241000）

摘要： 从安徽气象档案馆的馆藏档案资料中，概述了安徽省人工影响天气发展脉络。在催化剂使用上，1960—1962 年主要利用干冰、盐水、盐粉和石灰粉等进行人工降雨试验。在装备使用上，从 1959 年自制的土火箭，到目前的全自动智能火箭发射装置、地面催化装置（烟炉）、飞机等。在服务领域上，从以抗旱增雨为主到目前以抗旱保苗、乡村振兴、粮食和水资源安全、大气污染防治和生态环境修复、森林火险、大型社会活动保障等多领域的服务，并对人工影响天气在经济效益、社会效益和生态效益上进行了展望。

关键词： 人工影响天气，播云催化剂，作业装备

 引言

在安徽气象博物馆，珍藏着一份清宣统二年（1910 年）六月十九日《舆论时事报图画》（图 1），文章的标题是《用礮致雨之難行》[①]，以绘画的形式记录美洲和澳洲使用炮击空气产生激荡的方式开展人工增雨试验，并对这一事件给出"难行"评论。

人工增雨真的"难行"吗？让我们一起走进安徽气象博物馆，在馆藏资料中寻找隐藏的"答案"，并把脉安徽省人工影响天气的发展脉络。

本文已发表于《安徽档案》2021 年第 1 期。

资助项目：安徽省气象局科研面上项目（KM202006）。

①注：礮：读音 [pào]，古同"炮"，"炮击"的意思；難，读音 [nán]，同"难"。

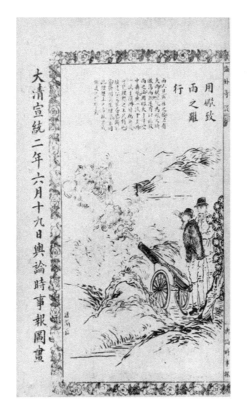

图1　《舆论时事报图画》（清宣统二年六月十九日）

1 一份技术小结，拉开了"人工造雨"的序幕

　　图2是一份安徽省人工控制天气工作委员会办公室《1960年高空人工降雨试验工作小结》业务档案资料。资料载明，1960年5月6日至6月14日在芜湖地区共进行的8次高空人工降雨试验，有5次效果明显，最大一次降雨量为12.8 mm。五次降雨面积5392 km^2，降雨量2581万 m^3。1956年1月25日，中央气象局局长涂长望向毛主席汇报说："在新制定的《12年科学技术发展远景规划》中，已将人工降雨试验列入重要项目。"毛主席听了高兴地说："人工造雨是非常重要的，希望气象工作者多努力。"[1]从此，人工影响天气在我国正式开启。1958年，安徽省首次成立人工控制天气工作委员会（挂靠在省科委），下设办公室，由气象局和科委有关人员组成，主要任务是科学实验和

解决经常出现的每年不同程度的旱灾问题。1960 年 5 月 6 日，安徽省人工控制天气委员会办公室首次在芜湖地区开展的高空试验，拉开了安徽省高空人工降雨的序幕。1960—1962 年，利用干冰、盐水、盐粉和石灰粉等催化剂进行人工降雨试验的结果表明：人工降雨不但可能，而且在适当条件下能产生较大的降雨。

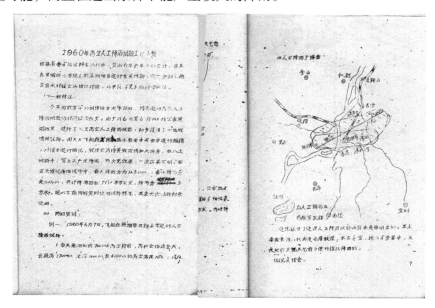

图 2　1960 年高空人工降雨试验工作小结

② 一种"造雨"机器，记录着发展的瞬间

　　"造雨"的机器在哪里呢？气象人从花炮的制作中获得灵感，这份"土火箭制作方法"（图 3）的馆藏资料，定格了安徽气象人研制"造雨"机器的开始时间：1959 年 2 月。资料中详细介绍了土火箭制作材料、工艺以及性能和注意事项。从资料中得知：土火箭升空高度最大只能达到 1000 m，平均只有 700 m。六十年物换星移，科技进步推动"土火箭"不断改进，科技创新使得"造雨"机器的种类不断拓展。馆藏资料定格了人工影响天气发展的三个阶段[2-4]：1958—1980 年，"土火箭"的研究取得突破性进展，开始使用黑火药、复合推进剂；单（双）管"37"高炮用于作业。1981—1987 年，西安 41 所开始研制、生产的新型 WR-B 型火箭架及火箭弹，1987 年 6 月 19 日安徽首次使用该装

备用于增雨作业。1988 年 6 月至 1990 年 8 月，C-46、伊尔 -14 飞机也加入安徽增雨作业装备队伍中。1987 年至今，"造雨"机器从"土火箭"已经升级到全自动、智能型的增雨火箭，其飞行高度可达 8000 m，最大射程 9000 m。同时，"专用飞机""无人机""地面催化发生器""燃气炮"等多种"造雨"机器加入到装备队伍中；"造雨"通信已经发展到 GPS 精准定位、实景监控、指挥等一体化智能系统；"造雨"工艺从手工绘制的天气形势图发展到多种数值预报模式的集合，依靠人工目测云状云高发展到新一代多普勒天气雷达、相控阵风廓线雷达、作业指挥移动雷达、激光雨滴谱仪、GNSS/MET 站等多种探测手段[5-6]。目前，安徽省人工影响天气从业人员达到 500 多人，新型全自动、智能火箭发射装置 160 门，地面催化装置 62 台，1 架增雨飞机和租用 2 个机场，建成了 185 个标准化作业点，作业受益面积达到全省全覆盖，"炮击致雨"已经成为造福国家和人民的重要手段。

图 3　土火箭制作方法

③ 一张"模糊"的照片，得到各级领导的点赞

这张人工影响天气野外作业真实写照的照片（图4），显得有点模糊，人物没有造型，也没有时间和机会露脸，更谈不上美颜；灯光效果也只是因为工作需要，依靠汽车灯来把场地照亮，但照片背后的故事，却得到了各级领导的点赞。2019年11月16日，多云，休息日，夜里11点25分，芜湖市气象局局长孙大兵接到市政府的电话，无为市和铜陵市交界处的林场发生森林火灾，要求市气象局赶赴现场开展人工增雨。怀揣"初心与使命"、肩扛"青春与担当"，气象局工作人员连夜驱车280 km从合肥赶往森林火灾现场。5支作业队伍、7个作业点、45枚火箭弹、7根烟条、20 mm的降水，从结集到作业，19个小时内有序完成。11月18日，时任安徽省副省长李建中对人工增雨作业助力森林灭火工作予以充分肯定，指出："很好，铜陵、芜湖森林火灾扑救关键节点，省气象局和两地气象部门全力组织人工降雨，发挥不可替代的重要作用，特致感谢！"

图4　2019年11月16日，无为市森林火灾人工影响天气作业现场

4 结语

自开展人工影响天气工作六十多年来，安徽气象人秉承"准确、及时、创新、奉献"的气象精神，将人工影响天气作为防灾减灾的有力手段，开展的以抗旱保苗、乡村振兴、粮食和水资源安全、大气污染防治和生态环境修复、森林火险、大型社会活动保障等为目的增雨作业，取得了明显的经济效益、社会效益和生态效益，得到了各级党委、政府的充分肯定。

一张张照片蕴含着一个个故事，一份份实物定格了发展的瞬间，一份份资料记录着季节变化的规律和插曲。回顾百年，历经沧桑风雨，人工影响天气从技术"难行"到成熟先进、从被人"笑谈"到作业实效，"增雨"成为人民美好生活的"必需品"。

参考文献

[1] 中国气象局科技教育司. 中国人工影响天气大事记（1950—2000）[M]. 北京：气象出版社，2002：183.

[2] 周述学. 安徽省人工影响天气 50 年回顾 [C]// 中国气象学会人工影响天气委员会，等. 中国人工影响天气事业 50 周年纪念文集. 北京：气象出版社，2009：70-73.

[3] 姚展予. 中国气象科学研究院人工影响天气研究进展回顾 [J]. 应用气象学报，2006（6）：786-795.

[4] 蔡春河. 人工影响天气工作的回顾和展望 [J]. 山东气象，1991（1）：32-35，40.

[5] 王致君，刘黎平，龚乃虎. 人工影响天气研究工作的回顾与展望 [J]. 高原气象，1999，18（3）：361-367.

[6] 许小峰. 人工影响天气的历史脉络及法规公约、检验评估等问题 [J]. 气象科技进展，2021，11（5）：2-7.

基于 VR 全景技术的虚拟
气象科普展设计

张　丽

（芜湖市气象局，芜湖 241000）

摘要：以安徽百年气象回顾展览的线下实景作为研究对象，对虚拟气象科普展设计进行研究，应用 VR 全景技术，通过实地拍摄、图像采集、3D 建模、全景 VR 渲染完成全景采集，对安徽百年气象回顾展 22 个全景热点进行虚拟三维全景设计。利用 720 云平台将虚拟安徽百年气象回顾展通过网站、微信、钉钉等互联网平台进行发布和运用，打破时空限制，使公众随时随地都可以点击链接或扫描回顾展二维码，利用电脑、智能手机、平板电脑等智能终端在线参观，获得沉浸式的感受和体验。将安徽百年气象历史和科学知识通过互联网呈现给公众。开拓了线下展览的网络数字化新模式，有利于疫情防控新形势下全方位、多渠道地开展气象科普。

关键词：VR，全景，虚拟，气象

 引言

　　随着网络、信息技术的不断发展，人们在获取信息上更加注重快捷、方便、高效的获取方式和良好的个人体验效果。VR（Virtual Reality）即虚拟现实，是在互联网技术产业链发展与人们对良好体验需求不断交叉增长中产生的新事物[1]。

　　VR 是借助计算机及最新传感器技术创造的一种崭新的人机交互手段[2]，是利用电脑模拟产生一个三维空间的虚拟世界，提供使用者关于视觉、听觉、触觉等感官的模拟，让

本文已发表于《科技与创新》2022 年第 18 期。

资助项目：国家自然科学基金（14505049）；安徽省气象局科研面上项目（KM202006）。

使用者如同身临其境，可以及时、没有限制地观察三维空间内的事物。VR 全景技术作为 VR 技术中的重要部分，在军事、医学、城市规划、视频会议、娱乐等领域被广泛运用。VR 全景技术是一种运用数码相机或全景拍摄设备对现有场景进行多角度环视拍摄，然后进行后期缝合并加载播放程序来完成的一种三维虚拟展示技术[3]。由于自身的沉浸感、交互性、想象性等特点，VR 全景技术目前也成了现代社会传播文化的重要手段[4]，尤其是在 2020 年全球爆发新冠疫情后，在居家无法外出、避免人群集聚的情况下，线上办公、学习、参观等需求急剧飙升。把 VR 技术充分应用到各类展览中是当今时代发展的必然结果。

近年来很多专家学者对此展开了相关研究，如马自萍等应用 Pano2VR 与虚拟现实技术相结合的方法，对宁夏博物馆进行虚拟设计[5]；王映霓基于 PTGui 和 Pano2VR 对自贡盐业历史博物馆交互式全景漫游进行了设计研究[6]；冯于天韬等运用 VR 技术对校史馆进行了导览设计[7]；孙晓艳等也都对基于虚拟现实技术的展览数字化进行了探索和研究[8-10]。在气象科普领域 VR 技术也非常受欢迎，能够显著增强用户参与度并提升用户体验。如上海气象博物馆推出"云"游博物馆通道，公众扫描二维码就可以通过 VR 全景方式游览上海气象博物馆展厅，突破距离和人流量的约束用全新的方式体验。中国气象局基于 VR 技术制作了《穿越台风》《天兵行动》《太阳风暴》等多部气象科普影片，使用户能够亲临其境体验台风、了解人工影响天气等气象过程[11]。

2021 年 3 月 23 日—5 月 23 日，安徽省气象局在芜湖市博物馆举办了《世纪风云——安徽气象事业百年回顾展》（以下简称"回顾展"），精选了气象仪器、书籍、照片等 80 余件（套）珍贵藏品，展示安徽气象历史和气象科学的发展历程。因为线下实体展览的展期只有 2 个月，为打破时空限制，将此次展览内容长久保存在云端，本研究运用 VR 全景技术设计了虚拟安徽百年气象回顾展，使公众随时随地可以通过电脑、智能手机、平板电脑等智能终端进行在线参观，获得沉浸式的感受和体验。

1 设计思路

通过对安徽气象事业百年回顾展进行室内室外的实景拍摄，将多组照片拼接成一个全景图像，然后通过计算机技术构建一个虚拟现实的全景空间，添加解说语音、背景音乐等实现 720° 全方位视听觉体验。将安徽近代以来的气象科技发展历程通过互联网和移动互联网平台进行数字化展示，公众随时随地都可以点击链接或扫描回顾展二维码通过电脑、智能手机、平板电脑等智能终端进行在线参观。

建设内容包括数字化采集制作和展示发布系统两部分。

数字化采集制作：将安徽气象事业百年回顾展的展厅、展柜、展板、展品以及室外部分进行数字化采集并进行后期处理，作为项目数字资源部分。形式设计上要求版面展现立体，景观模型静态动态相结合、实物与场景融合一体。通过运用芜湖市博物馆建筑和街区实景图片与三维动画、多媒体视频融合等展示手段，增强展览的知识性、观赏性。

展示发布系统：720 云端实现数据存储和调用，对内容进行编辑处理，面向相关网站、微信和手机应用软件为公众用户提供服务，展示安徽气象事业百年回顾展的展板、展品和服务信息，并提供公众与回顾展的互动平台。

❷ 虚拟回顾展的系统结构

安徽气象事业百年回顾云展览由云端、终端、软件、内容 4 部分组成：云端为 720 在线云平台；终端包括电脑浏览器和手机、平板电脑等移动客户端浏览器；软件又称为界面。系统结构如图 1 所示。

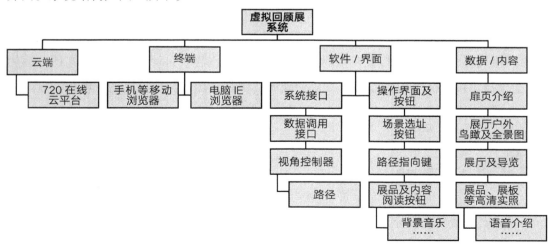

图 1　虚拟安徽百年气象回顾云展览系统结构图

③ 虚拟回顾展实现的技术基础

3.1 硬件

摄影设备：航拍无人机（用于在博物馆室外鸟瞰全景）、单反相机（用于展品及图文高清图）、鱼眼镜头（用于拍摄展厅广角全景图）及全景云台、三脚架等辅助设备。

拍摄要求：清晰度需远超普通全景作品，单张球形图要能清晰还原场景原貌，像素需达到 2 亿以上。采用 5 次包围曝光、HDR 曝光融合。全景文件采用渐进式分辨率浏览方式，可在不同分辨率之间无缝切换，既能保证全景图片的最高清晰度，也能加快全景内容的加载速度保证观众流畅观看。为实现电脑、智能手机、平板电脑等跨平台终端的浏览目的，全景内容发布文件应采用 H5 内核。

电脑设备：因 VR 软件对电脑处理器和显卡要求较高，计算机的显卡必须选择专业图形显卡，内存为 16G 以上。

3.2 软件

软件具体包括以下 4 类：①全景图片拼接软件。如 PTGui/PTGui Pro 等，利用此类软件可以快捷方便地制作出 360°×180° 的完整球型全景图片，以"控制点"的形式进行自动缝合和优化融合，从而提高拼接的精度。软件支持多种格式的图像文件输入，输出可以选择为高动态范围的图像，拼接后的图像基本上没有拼接痕迹[12]。②后期图片制作软件。如 Photoshop、Lightroom 等，支持各种 RAW 图像，主要用于数码相片的浏览、编辑、整理、打印等。③ VR 全景制作软件。如道可云 VR，用于设计全景界面，添加解说词语音，强化展板图文和音频内容。④发布系统。如 720 云端，可对本地拍摄的全景图片和视频进行编辑，优化拍摄画面、处理视频细节，并将制作完成的作品上传到网络或者分享到云端。

4 虚拟回顾展制作流程

4.1 全角度拍摄

设备器材的准备：制作 720 全景展示需要相应的拍摄设备，包括数码单反相机、鱼眼镜头、无人机、全景云台、三脚架。具体设备品牌及型号为佳能 6D2 单反相机、8-15 鱼眼镜头、JTS-Rotator 全景云台、大疆御 Mavic Air 2、伟峰 6307 三脚架。

拍摄前准备：一是需到拍摄场地勘景，对拍摄现场的场地地形进行察看，结合现场光线、展示物、视角等诸多因素，拟定拍摄点位，对拍摄场地内的陈列进行调整，达到最优的观看体验。二是安装调试拍摄设备，包括全景云台的安装、相机参数与镜头节点的调试。旋转云台时三脚架须稳定，保持相机位置不移动；图片之间不少于 30% 重合度。

拍摄与取材：包括全景相机拍摄与单反相机拍摄。使用 HDR 功能拍摄，保留图像暗部、中间、高光区域细节。用此套工具取材每 60° 一张，水平标的需要拍摄 6 张图像，外加顶端和底面 2 张图像，用 6～8 张图像拼合成一个 360° 全景展示，或选用 Sigma 8 mm 的鱼眼镜头，需 4 张图像，总计拍摄 24 个全景点位。

4.2 3D 建模

（a）鸟瞰图　　　　　　（b）全景图

图 2　智能终端上显示的《世纪风云——安徽气象事业百年回顾展》鸟瞰图及全景图

运用 720 全景建立有三维立体感觉的实景 360° 全方位图像。全景图实际上是通过映射具有一定几何关系的周围场景而生成的平面图,通过全景播放器的校正处理将其转换为三维全景图。将水平 360° 和垂直 360° 环视效果叠加在一起,虽然照片都是平面的,但通过技术处理获得的 360° 全景可以给人一种三维空间感,让观众感觉自己置身其中,它能充分显示双 360° 球面范围内的所有景物[13];可以按住并拖动鼠标左键以查看场景的各个方向。三维全景图大多是在照片的基础上拼接而成的图像,最大限度地保留了场景的真实性[13]。使用智能手机或电脑就可以流畅浏览观看。《世纪风云——安徽气象事业百年回顾展》全景及鸟瞰图,如图 2 所示。

4.3　配音音频制作

根据《世纪风云——安徽气象事业百年回顾展》所展示的 "灿烂与智慧"(古代安徽气象)、"艰难与探索"(近代安徽气象)、"奋斗与辉煌"(新中国安徽气象)等不同场景及展品情况,共撰写了 47 段解说词,并制作完成解说词的音频 mp3 格式文件。

4.4　图形合成 VR 渲染

使用全景拼合软件 PTGui 进行图像的拼合处理。PTGui 是一款性能较为强大的全景图片拼接软件,其操作流程简单方便:导入一组原始图片 → 运行自动对齐控制点 → 生成全景图片文件。软件导入图片后能主动读取图片的镜头参数,识别图片堆叠区域的像素特征,随后以 "控制点" 的模式进行自动缝合,用户也可以手工添加或删除控制点,从而提高拼接的精度。并且,它支持多种格式的图像文件输入,拼接后的图像基本上没有明显的拼接痕迹[8]。

使用全景拼合软件 PTGui 进行图像的拼合处理,具体过程如下:打开 PTGui 和图片所在的文件夹。点击 "加载图像",将所拍摄同一场景的 6 张图像拖至 PTGui 窗口。对齐选中的 6 张图像,当屏幕出现全景编辑界面时,将全景图居中,固定垂直对齐。点击放大镜图标检查全景图细节,拖动鼠标平移图像。在全景交互预览窗口中调整视角,直至合适。通过设置与查找重叠区域的同名像点,可以将各同名像点一一对应。返回到主屏幕，单击"创造全景"按钮，选择默认设置，点击创造全景。最后补天补地。采用 pano2vr 或 Krpano 软件将长条图转换为 720 全景。

修图和润色水平决定了全景质量的优劣，可使用 Lightroom 进行修图和润色，保障制作出的图像具有美感；使用道可云 VR 全景制作系统进行界面设计，增加藏品的高清单图展示，配备解说词语音，呈现展板图文和音频内容。

4.5 全景漫游图发布

进入 720 云进行注册并登录，在"发布"界面上传已处理的全景图片，在导入全景图片后单击"发布"按钮完成工作的创建。创建完成后在主窗口会看到创建的作品。双击打开创建完成的全景图，可进入作品的编辑界面，进行全景效果编辑，如初始视角的重新定义、添加热点链接、添加音乐、添加特效、嵌入图片元素、添加遮罩等多种编辑操作，这些编辑性能可以依据实际需求进行选择操作。添加热点链接是为了实现回顾展的全景漫游，通过热点链接完成图像间的切换。实现热点设置后，还能够给全景图增加语音讲解、背景音乐等特效润饰美化。编辑好全景图并设置完基本功能后，在 720 云端发布 Flash、Java、Quicktime 等多种观看方式，可用计算机、智能手机、平板电脑等浏览器进行观看。

⑤ 结语

采用 VR 实景漫游技术制作了线上的《世纪风云——安徽气象事业百年回顾展》，共设计了 24 个场景，观众在任意时间和地点都可以通过登录网站、气象芜湖微信公众号或扫描二维码的方式进行观看，只需通过线上动用手指、动作等一些交互性的手段点击任一场景，就可以实现沉浸式观看。基于 PTGuiVR 的实景漫游技术只需要将所拍摄的图像拼接成全景图获取图片数据。方法简单易上手，同时使用相机进行实景拍摄能够真实呈现原景原貌，真实逼真、可信度高，开发周期短、成本低。这些优点使其成为在互联网上进行全景展示的较好工具与平台，为实现展览数字化建设起到积极的推进作用。

本研究利用 VR 全景技术对气象科普展览进行了有益探索。采用 VR 技术，让原本只有 2 个月短暂展览周期的《世纪风云——安徽气象事业百年回顾展》能够得以永久保存，使观众能够跨越时空获得全方位交互式的视觉感受，更好地发挥了教育功能和社会功能。由于目前 VR 技术应用在气象展览等科普活动中还处于初级发展阶段，硬件和软件有待进一步发展，虚拟的安徽气象事业百年回顾展还存在画面不够精致、交互体验的动作简单固定等弊端，还不能给观众带来嗅觉、触觉等互动感，真正的沉浸式体验还没能实现。

总体来看，基于 VR 技术的新型数字化气象科普产品能够起到良好的科普效果，改变了传统的参观和学习方式。未来，随着技术的发展和需求牵引的相互推动，VR 技术将被全面应用于气象科普领域，如将气象观测站、气象应急指挥车、气象预报平台、人工影响天气直升飞机、多普勒雷达等装备和场景展示出来，并能三维模拟大风、龙卷、洪涝、暴雨等常见灾害，演示其发生发展规律，身临其境体验气象灾害并在体验中学习掌握自救和互救知识[14]，提升公众的气象科普素养和全民防灾减灾救灾的能力。同时，基于 VR 的气象科普电影、游戏、短视频等产品也会蓬勃发展。利用 VR 技术，通过制造真实、优良的虚拟体验和学习空间对气象科普方式进行重塑，将大大激发人们对科学的想象力和创造力，使民众切实体会到科普的魅力和作用。

 参考文献

[1] 辜浩杨. 虚拟现实技术的研究现状及未来展望 [J]. 通讯世界，2018（7）：126-127.

[2] 邸楠. VR 技术在电视节目制作中的创新应用探讨 [J]. 现代电视技术，2017（7）：34-36，27.

[3] 刘沛. 浅谈用于电影虚拟制作的全景图像缝合技术 [J]. 大众文艺，2016（10）：193.

[4] 郑向阳，彭源. 虚拟漫游技术在行业培训中的应用效果与应用要点分析 [J]. 内蒙古农业大学学报（自然科学版），2010，31（4）：250-254.

[5] 马自萍，郭贝贝，李海东，等. Pano2VR 的宁夏虚拟博物馆全景漫游实现 [J]. 现代电子技术，2021，44（8）：149-153.

[6] 王映霓. 基于 PTGui 和 Pano2VR 的自贡盐业历史博物馆交互式全景漫游研究设计 [J]. 收藏与投资，2021，12（6）：87-89.

[7] 冯于天韫，蔡骏，蒋正清.基于数字孪生技术的校史馆VR导览设计研究 [J].设计，2021，34（16）：54-56.

[8] 孙晓艳.基于VR全景技术的博物馆陈列展览数字化的研究与探索 [J].电子世界，2019（24）：20-21，24.

[9] 蔡劲.基于虚拟现实技术的博物馆游览系统设计 [J].电脑知识与技术，2020，16（36）：194-197.

[10] 王广军，王鹏林，贾玟卿，等.基于虚拟现实技术的黄梅戏数字博物馆设计 [J].安庆师范大学学报（社会科学版），2021，40（4）：98-103.

[11] 徐嫩羽，王海波.VR/AR技术在气象科普领域中的应用研究 [J].科技传播，2019，11（17）：185-186.

[12] 王静，司占军，候冕.全景漫游技术在泰达校区的应用展示研究 [J].电脑知识与技术（学术版），2018，14（36）：211-212.

[13] 蔡成涛，侯立东.一种360度全景图像无缝拼接的方法：110246161A[P].2019-09-17.

[14] 潘淑杰，张妍，郭佳，等.VR虚拟现实技术在气象科普宣传中的应用与思考：以暴雨、泥石流气象灾害为例 [J].天津科技，2020，47（3）：34-36，40.

清代旱涝灾害奏报刍议

万金红[1]　孙大兵[2]　张葆蔚[3]

（1. 中国水利水电科学研究院，北京 100038；2. 芜湖市气象局，芜湖 241000；

3. 应急管理部防汛抗旱司，北京 100053）

摘要： 作为一个传统的农业国家，我国历代中央政权十分注重收集各地旱涝灾害信息。迅捷、准确、有效的灾害信息传递，对于历代中央政府和地方政府开展灾后社会救济与生产恢复十分必要。清政府十分重视各地灾情信息的奏报，并在报灾的时限、灾情信息的校核等方面做了具体的规定。从清代灾害信息奏报制度的确立、灾害奏折的形式、奏报的内容，以及奏报人员的身份等方面阐述清代旱涝灾害的奏报制度，以期为当前清代旱涝灾害史研究提供借鉴。

关键词： 灾情奏报，旱涝灾害，奏折，清代

 研究背景

作为一个传统的农业国家，降水的多寡直接影响到区域农业收成丰歉、社会经济发展，乃至国家政权的稳定[1]。同样，作为一个旱涝灾害频发的国家，我国历代中央政权也十分关注各地旱涝灾害情况，迅捷、准确、有效的灾害信息传递对中央政府和地方政府开展灾后社会救济与生产恢复是十分必要的[2]，因此一整套系统的从地方到中央的灾害信息报告制度便孕育产生，并逐渐完善。

灾情信息的向上传递被历朝中央政府所关注[3]。至迟到秦代，我国就已经建立起明确的灾害信息上报制度。如在秦简《秦律·田律》中就有"旱及暴风雨、水潦、虫螽蚼、群它物伤稼者，亦辄言其顷数。近县令轻足行其书，远县令邮行之，尽八月□□之"的

本文已发表于《气象科技进展》2023 年第 2 期。

资助项目：国家重点研发计划项目（2018YFA0605603）。

记载[4]。这一制度经汉唐、宋元历代政权的不断发展而逐渐完备。《中国古代报灾检灾制度述论》[3]一文对这一发展历程进行了系统、细致的整理分析。到了明代，这一制度变得更加系统且完善。明太祖朱元璋定都南京后便下诏提出："祖宗令天下奏雨泽，欲知水旱，以施恤民之政……自今奏至即以闻。"①并且确立灾害奏报制度，统一地方奏报旱涝方式。关于如何报灾，明太祖朱元璋定都南京后便下诏规定："今岁水旱去处，所在官司，不拘时限，从实踏勘实灾，租税即与蠲免。"②到了弘治年间（1488—1505），中央政府对灾害的奏报时限做了进一步精细化处理，即"夏灾不得过五月终，秋灾不得过九月终"③。到了万历（1573—1620）时期，考虑到国家幅员辽阔，对于重要经济区和偏远地区报灾的时限进行必要的区分，即"近地五月七月，边地七月九月"④。可以说，明代之后我国的灾害奏报制度变得更加系统化、规范化和制度化。

1 清代灾害奏报制度

与前朝相比，清政府更加重视灾害信息的向上传递。如康熙皇帝十分关注地方水雨情、灾情和粮食收成信息。康熙十二年，康熙皇帝面谕户部右侍郎马绍曾时说道："尔等回时直隶地方曾有雨泽否？麦苗何如？"⑤同时，康熙皇帝也要求，即使是十分偏远的地方，也应该核实上报这些雨情、水情和灾情信息。其在晚年时还曾指出："朕临御多年，无时不轸念民瘼。每岁于直隶各省，凡雨旸期候、丰歉情形，莫不留心访察。虽在僻远，必务周知。"⑥到了雍正朝，作为一个勤勉的皇帝，雍正皇帝也说道："朕抚育烝黎，务期休养宽裕，俾咸臻安阜，故于各省雨旸节候，时时咨访体察，无刻少释于怀。"⑦

在继承前朝的灾害奏报制度上，清政府也逐渐确定了报灾、勘灾和赈灾的灾害奏报

---

①《大诰》第二十《雨泽奏启本》，《续修四库全书》第862册，上海古籍出版社1996年版。
②[明]徐光启，《农政全书校注》卷44《备荒考中》。
③《明史》卷78《食货志二》。
④同③。
⑤邹爱莲主编，《清代起居注册·康熙朝》，中华书局2009年版，第584页。
⑥《清圣祖实录》卷261，康熙五十三年十一月。
⑦《清世宗实录》卷31，雍正三年四月。

与救荒制度。比如，顺治朝时就曾对报灾的时限进行规定，"夏灾限六月终，秋灾限九月终"①，如果逾期一月内，抚道官员罚俸一月；如果超过一个月，则官职降一级；如果延迟的时间十分长的话，则可能被直接免职。乾隆皇帝更是明确了需要进行灾情奏报和申请蠲缓的灾害等级和受灾程度："各省地方，偶有水旱。朕查蠲免钱粮旧例，被灾十分者，免钱粮十分之三；八分七分者，免十分之二；六分者，免十分之一。雍正年间，我皇考特降谕旨，凡被灾十分者，免钱粮十分之七；九分者，免十分之六；八分者，免十分之四；七分者，免十分之二；六分者，免十分之一。实爱养黎元，轸恤民隐之至意也。朕思田禾被灾五分，则收成仅得其半。输将国赋，未免艰难。所当推广皇仁，使被灾较轻之地亩，亦得均沾恩泽者。嗣后著将被灾五分之处，亦准报灾。地方官查勘明确。蠲免钱粮十分之一。永著为例。"②由此可见，在康雍时期，农作物受灾六分时，地方政府才可以上报朝廷并申请减免税赋，到了乾隆朝便定下规矩，受灾五分就应该启动报灾程序，并可以酌情申请减免税赋。到了清代中期以后，政府的报灾、勘灾、救灾工作便相对固定下来。嘉庆十一年，江苏巡抚汪志伊在《荒政辑要》中对清代灾害的报灾、勘灾、蠲缓等进行了详细记述，如针对报灾的时限，规定如下："一地方遇有灾伤，该督抚先将被灾情形、日期飞章题报。夏灾限六月终旬，秋灾限九月终旬（甘肃省地气较迟，夏灾不出七月半，秋灾不出十月半）。题后续被灾伤，一例速奏。凡州县报灾到省，准其扣除程限，督抚司道府官，以州县报到日为始，迅速详题。若迟延半月以内，递至三月以外者，按月日分别议处，上司属员一例处分，隐匿者严加议处。"③到了清末，清政府对于报灾延迟的规定更加细致，处罚的力度更加严厉。光绪朝修订的《大清会典事例》对报灾延迟时限处罚程度记载道："州县官逾限半个月以内者罚俸六个月，一个月内者罚俸一年，一个月以外者降一级，两个月以外者降二级，三个月以外者革职。"④

为了防止大臣在报送灾情信息过程中存在虚假报送的情况，清政府还建立了多源信息校核制度，如某地的灾害信息与前期的雨雪分寸信息相互验证、本省官员的报送信息与途经该省其他官员的报送信息相校核等。比如，嘉庆二十四年七月初七日江苏布政使

---

① 《清世祖实录》卷 79，顺治十年十一月。
② 《清高宗实录》卷 68，乾隆三年五月。
③ [清] 汪志伊，《荒政辑要》卷 4 则例。
④ 《大清会典事例》卷 288，户部·蠲恤。

杨懋恬在奏折中称:"臣归途经过地方,访察田禾雨水情形,山东兖州、江苏徐州、淮安等属,夏雨沾足,禾稼茂盛。次及扬州、镇江、常州各属得雨次数多寡不齐,所见近河田亩禾苗俱极畅茂。苏州省城一带,因兼旬未得透雨,望泽较殷。"[1]可见,该奏折直接说明杨懋恬在返回江苏任上时,便开始留心沿途的雨水情形,关心各地是否因降雨的多寡而成灾。这样的信息就会在一定程度上校验地方官上报的灾情信息。同期,嘉庆二十四年七月十六日江苏巡抚陈桂生在奏折中称:"江苏省五月中下二旬及六月上旬雨泽频沾,禾苗畅发情形,经臣恭折奏报在案。兹据各府厅州县禀报,六月中下两旬及七月上旬,先后得雨两三次,每次有一二三四寸不等。在田早禾渐次秀实,中禾扬花擢秀,晚禾亦俱长发。惟节次雨势于淮、徐一带较大,大江以南苏、常各府属,自六月中旬以后晴霁日多,间得阵雨不成分寸。饬查各乡近水田亩俱可车戽以资灌溉,高阜之区尚须雨泽滋培。其江宁府属之句容,扬州府属之泰州、兴化、东台,镇江府属之丹阳、金坛等州县近山田亩得雨未能透足。"[2]通过上述两件奏折比较发现,杨懋恬和陈桂生报送的同一时间的江苏省内雨水情信息基本保持一致。据此可见,清代的灾害奏报制度能够确保不同官员间的奏折可以相互校核,在一定程度上可以有效避免官员谎报灾情。

2 奏折的形式与内容

2.1 奏折的形式

作为清代独有的官方文书形式,奏折在不同时期的样式也略有不同(图1),但其始终沿袭着特定的格式规定(图2)。一般来说,奏折从首页开始自右向左逐竖行书写,每行十八字。右侧第一竖行自下起要写明某地某官和具体的奏报人臣某某奏(如直隶总督臣 李鸿章 谨奏);第二竖行奏为某某事(如奏为平粜仓谷恭恳;奏为瑞雪应时恭折驰报仰祈);第三竖行开始写具体的奏报事宜,这一行往往采用上提一格或两格乃至三格写"圣鉴""圣恩"等语;奏报的具体内容完写完后,一般还会留三竖行分别写"奏伏

---

[1] 嘉庆二十四年七月初七日江苏布政使杨懋恬片。
[2] 嘉庆二十四年七月十六日江苏巡抚陈桂生奏。

乞""皇上圣鉴训示谨""奏"等词句,然后留白若干,便于皇帝批示,最左侧一竖行一般为年月日(如乾隆二十年四月十一日)。为了更直观地表现灾害奏折的具体形式,此处将奏折示例、文本格式均列于下。

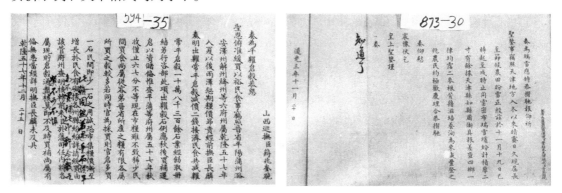

图 1　不同时期的奏折文本样式示例(左为乾隆朝、右为道光朝奏折影印件)

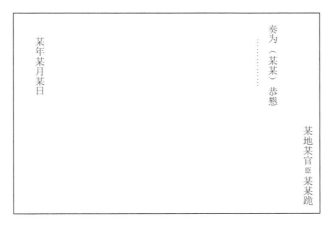

图 2　奏折的文本格式

　　由于奏折篇幅的限制,正文内容往往是一些有关灾害全局性的、定性的描述,对于辖区内详细的灾情信息往往不能够悉数记录。这样一来,奏折往往会将具体的灾情信息通过清单的形式表现出来。一般情况,会在奏折的最后写"后附清单"。在清单第一竖行会写"谨将……清单恭呈"等语。比如,道光十五年,江西地方夏伏旱相对严重,自农历五月二十五日以后,得雨稀少。江西省南昌府、袁州府、临江府、吉安府、抚州府、饶州府、九江府等地出现了干旱灾害情况。同年十月,江西巡抚周之琦在晚稻收获后,详加核实了以上各府受灾区域的粮食收获情况，在奏折后面将江西省道光十五年各府晚稻收成分数开具清单[1]：

…………

九江府属德化、湖口二县俱六分，德安、瑞昌、彭泽三县俱五分有余。合计府属收成五分有余。

南安府属大庾、南康、上犹、崇义四县俱七分。合计府属收成共有七分。

赣州府属定南、兴国、龙南、安远四厅县俱八分，赣县、雩都、信丰、长宁四县俱七分，会昌县六分。合计府属收成七分有余。

宁都直隶州属宁都、瑞金、石城三州县俱七分。合计府属收成共有七分。

通省牵算[2]收成实共六分有余。

从这一份清单中可以看到，周之琦详查了江西省各府县详细的收成情况，并按照府级单元（"合计府属收成共有七分"）和省级单元（"通省牵算收成实共六分有余"）进行了粮食收成的综合统计。这一信息可以清晰直观地让清廷了解旱灾发生后江西省的整体情况，为清廷后续制定救灾政策提供翔实的数据基础。

由于奏折具有一事一议的特点，如果想要报告更多的事情，除了撰写奏折、另附清单外，附上一个简短的夹片也是常见的手段。因此，奏折中往往带有一些夹片（图3），或称附片、片奏。一个奏折一般可带两三个夹片，多的达五六个。一般来说，附片是用来奏报无法用正式奏折奏报的事情，通常没有封面、事由、奏报人员信息、奏报日期等，仅以"再"开头直述其事。因此，奏折的附片是一种附属于正式奏折的夹片，只能与正式奏折一并传递和处理。

通过对现存的2400余件旱灾奏折整理发现，清代有关旱灾的附片至少有203件（图4）。从时间分布上看，18世纪旱灾附片总量为14件，19世纪旱灾附片总量为161件，20世纪初的旱灾附片总量为27件。一些典型旱灾年份的附片数量明显增加，比如光绪初年的严重旱灾时期，共有82件附片奏报地方的干旱灾害，其中1876年32件、1877年28件、1878年22件；另外，一些小范围的干旱灾害过程中附片数量也比较多，这一

---

① 道光十五年十月二十八日江西巡抚周之琦奏附清单。

② 牵算，指计算平均值。

般集中在经济相对发达的省份，如 1813—1814 年间长江流域及晋陕地区出现较为严重的旱荒灾害，在 1814 年有 6 件附片记述干旱灾害，其中两江总督百龄（2 件）、安徽巡抚胡克家（1 件）、江西巡抚阮元（1 件）、陕西巡抚朱勋（2 件）。从空间分布上看，黄淮海平原地区的奏折中干旱灾害的附片比较多（表 1）。一方面，这一地区是传统的农业区，主要靠雨养和引河（或井）灌溉为主，天气干旱造成雨水不足或河道来水不足极易给农业生产带来不利影响。另一方面，江苏、直隶等省在当时或是经济中心或是政治中心，社会治理纷繁复杂，在一定程度上造成旱灾情形往往通过附片的形式向上传递。

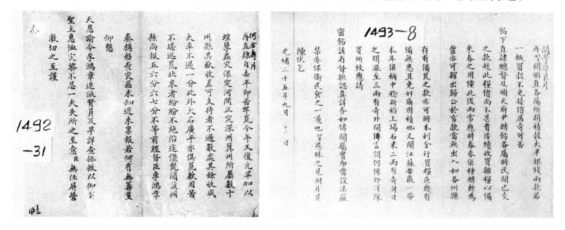

图 3　奏折夹片示例

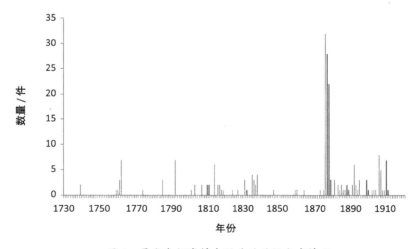

图 4　旱灾奏折资料中附片的时间分布情况

表 1　清代各地旱灾奏折中附片情况

地区	江苏	直隶	山东	山西	云南	安徽	河南	陕西	江西	黑龙江	甘肃
频次	29	24	22	22	20	17	17	9	7	6	5
地区	湖南	四川	蒙古	贵州	辽宁	新疆	广西	湖北	吉林	台湾	浙江
频次	5	5	4	2	2	2	1	1	1	1	1

2.2　奏报的内容

灾害奏报与一般的奏报在文本形式上没有什么差异，仅是在内容上侧重灾害信息，其核心要素大致包括三点：其一是灾害本身的情况，这包括降雨情况，"沾足"还是衡量旱后农作物能否恢复的指标，"若雨"如降水范围、降水量等；河流水文情况，如"河竭"等；其二是因灾害造成的直接或间接影响，如对农作物的长势、收成的影响，对社会经济系统中渴水人数、粮价波动、流民的影响；其三是灾害赈济的情况，如粜兑米粮、设立粥场等。对这些奏报内容既有定量的数据统计，也有定性分析。

2.2.1　雨雪情信息

雨情信息包括降雨范围、降雨量等，此外降雪也是重要的雨情信息。就降雨范围而言，或以省为单位（"本年直属地方，自春徂夏雨泽愆期"[①]）、或以府为单位（"浙江省杭嘉湖三府属本年夏秋之间雨泽稀少，所有嘉兴府属之海盐县、湖州府属之长兴县得雨未能充足"[②]）、或以州县为单位（"本年八月十三、十五等日，节经宁远等四州县旗民地方官禀报，据所属各屯乡保等呈称，今岁雨泽愆期，该处田苗自春徂夏未沾渥泽"[③]）统计奏报。

就降雨量而言，或以得雨寸数描述降雨量大小，如"二十四日丑刻密雨至酉刻方止，入土四寸有余。其平阳以南之绛州、解州、蒲州各府州，以北之霍州、汾州、太原暨平定各府所属地方，均报得雨或三四五寸不等，虽未深透，于麦苗多有裨益。"[④]或以降雨的入土寸数描述雨量大小，如"据兰州府属禀报，省成已于五月二十九、三十及六月初一等日得雨，然止近城一带幸获深透。其余各乡及狄道州、沙泥州判等处仅得雨一二三

---

① 乾隆五十九年八月初十日直隶总督梁肯堂奏。
② 道光二年九月二十六日浙江巡抚帅承瀛奏。
③ 乾隆十二年九月十五日盛京驻防大臣富俊等奏。
④ 光绪二年五月十一日山西巡抚鲍源深附片。

寸不等。其巩昌府属惟洮州厅、陇西县得雨深透。平凉府属惟盐茶厅得雨深透。平凉县虽于六月十二日得雨一寸，然烈日曝晒旋即干燥，其余庆阳府、泾州、阶州等属全未得有透雨。"①此外，还有用"沾足"（"查明泾阳等十三州县，因春间雨泽未能沾足，二麦半多黄萎"②）"渗透"（"……八十五厅州县陆续禀报，自五月二十二三四五八九三十日及六月初一二三等日得雨自一二三四寸至深透不等，其余新郑等二十三州县尚未据报到"③）等词语描述降雨量的多寡。另外，"降水是否水沾足，尚有收成。再，雨水沾足之大麦、小麦，长势皆好。秋禾尚未种，若雨水沾足，即可耕种。"④就降雪而言，多以积雪的厚度表示，如"河南省城于十一月初一日申时得雪起至亥时止，除融化入土外，积厚二寸。"⑤"山西省去冬雪未能沾足，虽入春来接续得雪，省南一带均未能深透，麦田稍欠滋培，且正当播种秋禾之时，农民望泽甚殷。"⑥降水量大小描述的多样性，一方面反映出奏报传递了较为全面和系统的降雨信息，另一方面也体现了清代灾害奏报制度的灵活性与实用性。

2.2.2 水情信息

奏折中的水情信息主要是河湖的水位或者水量。就水位变化而言，河道浅涩行船困难是重要的水位变化描述，"因六七月间干旱日久，农田车戽灌溉，腹里支河在浅涩，米粮重载难行。"⑦"九月初一日，据浙江提督钟世臣，宁台道陈守廉等来文内称，宁波地方秋雨不足，村民纷纷抽河水灌溉，致水位甚浅，临村之米不能运至，平时一两银买得之米如今已需一两四五钱矣。"⑧就水量而言，塘堰干涸水竭是典型的水量减少叙述，如"至庐州府所属五州县六月以来，竟未得雨，故致堰塘干涸无水戽救，早禾渐形黄萎。而合肥、庐江、巢县为尤甚。"⑨

---

① 嘉庆六年六月二十四日陕甘总督觉罗长麟奏。
② 嘉庆七年五月十八日陕西巡抚陆有仁奏。
③ 嘉庆八年六月初八日河南巡抚马慧裕奏。
④ 康熙五十三年四月初六日山西巡抚苏克济奏。
⑤ 光绪三年十一月十三日河南巡抚李庆翱附片。
⑥ 嘉庆十五年三月十六日兼护山西巡抚素纳奏。
⑦ 乾隆四十年十月十九日江苏巡抚萨载奏。
⑧ 雍正元年九月十一日闽浙总督觉罗满保奏。
⑨ 嘉庆十九年六月二十八日安徽巡抚胡克家奏。

2.2.3 农作物受灾信息

降雨的多寡直接关系到农作物的长势和收成。降水不足会直接造成农作物枯萎、籽实饱满程度差，如"勘得安乡县围城等官垸高田七处，屈家垱等民垸高田三处、葛公垱等高田三处，早稻灌荫不及结穗已成空谷，难望复苏。实惠等官垸高田八处、石圭山等民垸高田二十处，大觉湖等高田四十四处、陶家汊等高田十三处，禾苗枯萎，即得透雨收成甚歉。又，勘得巴陵县西乡二十、二十一各都地方高阜禾稻间有黄萎，幸续得雨泽已转青色，且有长发稻孙。至岳州、武左二卫坐落该县被旱屯田与民田情形相同。"[1]禾苗枯萎与籽实的欠饱满直接导致夏收（秋收）时农作物的歉收，如雍正元年监察御史佟吉图途经直隶、山东、河南一线时写道："由直隶栾城县至河南、山东雨泽皆未调匀，米谷歉收之处甚多。"[2]

稻谷小麦歉收的程度是奏折重点记述的内容，收成的多寡直接关系到地方荒歉程度、粮食价格变动，甚至社会系统的破坏等，如"查得信阳州上年（1735年）夏秋亢旱成灾。麦子止收一二分不等，高粮豆子止收二三分不等，稻子谷子未收颗粒。"[3]在细化的条件下，还会将各地具体的收成分数统计在案，如"直属地方本年二麦高地因旱无收。所有洼地园地、约收分数据各府州厅卫具报到臣，谨开具简明清折恭呈御览。顺天府属通计约收三分八厘：宛平县一分，大兴县一分，大城县五分五厘，涿州五分，房山县四分，良乡县二分，固安县三分，永清县六分，东安县三分，昌平州七分，顺义县三分，怀柔县五分，文安县五分五厘，密云县五分，平谷县三分，延庆卫四分，霸州五分，保定县二分五厘，香河县一分七厘，通州二分，三河县四分，武清县四分，宝坻县四分，蓟州二分，宁河县六分。"[4]又如，乾隆二十四年（1759年），山西地方一月二月雨雪稀少，冬麦春麦生产受到严重影响，平原地区灌溉条件比较好的情况下长势尚好，山坡旱地的春麦大多没有下种，即便下了几场微雨，赶种的春麦也没有发芽。于是巡抚塔永宁在上奏的奏折上说："是以今岁二麦收成，省南各属尚有薄收，北路各属惟平原洼下及有水泉之处犹属有收。其余均已改种秋禾，二麦收成甚属稀少。今据布政使刘愷通查开报前来。臣复加查核，内七分收成者

---

[1] 道光十五年闰六月初七日湖南巡抚吴荣光奏。
[2] 雍正元年三月初四日监察御史佟吉图奏。
[3] 乾隆元年四月初三日河南巡抚富德奏。
[4] 乾隆二十四年六月初四日直隶总督方观承奏。

永济、临晋、荣河……闻喜、绛县等二十八州县。六分收成者榆次、太谷、徐沟、忻州、定襄等五州县。五分以上收成者太原、文城、岚县……吉州、乡宁等二十六州县厅。其收成自五分以下二麦被旱。现在委员查勘分别已经改种秋禾与不能改种秋禾汇入夏灾秋灾办理者阳曲、岢岚、兴县……蒲县、永和等三十九州县厅，合计通省二麦收成除被旱各属外，约在五分以上。除俟各府州查明确实收成分数再行核实。"①这一奏折对农作物冬麦和春麦收成进行了详细的报告，与前条直隶总督方观承报送作物收成时略有差异。同时指出，收成五分是确定一个区域是否因旱受灾的重要指标。也就是说，收成大于五成只是说这一区域粮食生产因旱减产，这种减产在一定程度上是可以接受的，只有收成不足五成时才是因旱成灾。

2.2.4 旱涝灾害社会影响信息

旱涝灾害的社会影响是各级政府最为关注的内容。一般来说，灾情包括受灾范围、受灾程度、社会秩序混乱或解体等。就受灾范围而言，比如乾隆二十四年山西巡抚鄂弼的奏折悉数了山西省因旱受灾的区域，并用受灾成数对灾区夏旱和秋旱的严重程度进行了空间上的区分："晋省乾隆二十四年，夏被旱灾者，石楼、应州、怀仁、山阴、丰镇厅、崞县、静乐等七厅州县，被灾十分。秋被旱者：阳曲、岢岚、岚县、兴县、临县、石楼、应州、大同、怀仁、山阴、灵丘、阳高、朔州、马邑、平鲁、五寨、静乐、代州、崞县、保德、河曲、临汾、襄陵、洪洞、太平、曲沃、翼城、汾西、解州、安邑、夏县、平陆、芮城、绛州、稷山、河津、闻喜、绛县等三十九州县并大同管粮厅经历司征粮地，大同左等十四团操应征尖丁成灾五六七八九十分不等。"②光绪二十七年，广西巡抚王之春在奏折中不仅描述受灾范围、严重程度，而且还将旱灾对社会经济系统的影响进行了描述："左江一带数月不雨，赤地千里，迄未耕耘，旱象已成。米价昂贵，民食维艰。"③旱涝灾害最严重的结果就是人口的非正常死亡。如光绪十八年山西地方水旱灾害十分严重，田禾枯槁，半省州县灾歉，以北路边州各厅及毗连直境之大同府属被灾尤重。"天镇、阳高等处卖男鬻女络绎于途，而口外七厅灾象更甚，所到之处饿殍盈野，村落成墟，惨苦情形目不忍睹。询因该处歉收已经三年，民贫地瘠，夙鲜盖藏。去岁猝遇奇荒，束手待毙，有力之家初尚能以糠粃果腹，继则草根、树皮均已掘食殆尽，朝不保暮，岌岌

---

① 乾隆二十四年闰六月二十日山西巡抚塔永宁奏。
② 乾隆二十四年十月初七日山西巡抚鄂弼片。
③ 光绪二十七年九月初九日广西巡抚王之春奏。

可危，每村饿毙日数十人，现在生存饥民率皆鹄面鸠形，仅余残喘。"①

旱涝灾害导致的一个重要的结果就是社会秩序的紊乱，自杀、流民徙走、人吃人、结伙抢夺等事件就会频繁发生。比如，光绪三年陕西大部旱灾形势仍旧十分严峻，泾河、渭河濒临干涸，西安等地旱灾严重，"谷价腾踊，穷民无所得食，有取数百钱鬻其爱子者，有老弱妇女绳系投水死者，洛河漂流死尸络绎不绝，其丁壮则百十为群，勒食大户，攫金攘饼，颠过客而夺财物者，比比皆是，加以游勇土匪勾结煽乱，患害岂复可言。"②

2.2.5 粮价信息

降雨的多寡与作物长势和粮食收成存在显著的相关性。清代的灾害奏折中，水旱灾害往往与粮价变动一同上报，因此现有的旱灾奏折中存在大量有关粮价的记述。一方面是受干旱灾害影响，粮食价格上涨的情况。比如乾隆五十二年直隶宣化地方出现了较为严重的干旱灾害，造成粮食减产。第二年春，干旱形势仍十分严峻，所以地方"民人口食无资，卖鬻子女者甚多，并有逃往口外觅食者。"③于是直隶总督在上奏朝廷的奏折中写道："宣属米粮价值素称平减，粟米每石均属一两二三钱以下。今自上年被旱之后已增至一两六七钱及一两八九钱、二两不等。"④另一方面是降水使得旱情缓解，粮价平减的情况。如嘉庆十八年陕西平原地方各府雨泽稀少，西安、凤翔、同州、邠州、乾州五府州属秋成歉薄，民力不无拮据。到了嘉庆十九年，冬春雨泽仍旧稀少，以致陕西巡抚朱勋在奏报中写道："榆林、葭州、怀远、神木、府谷并缓德、米脂、清涧等八州县于闰二月二十三及三月十四、十九等日得雨一二寸。春麦不能出土，夏收无望。"⑤然而到了6月，陕西平原各地普降甘霖，"平原各属二麦丰收，粮价平减"⑥。由此可见，降雨对于平抑旱灾期间的粮价具有显著的效果。

2.2.6 灾害救济与恢复生产信息

灾害救济与生产恢复也是灾害奏折中的重要内容。其中，分发救济粮、减缓税赋、

---

① 光绪十九年三月初七日直督李鸿章奏。
② 光绪三年九月十五日监察御史梁景先等奏。
③ 乾隆五十三年四月二十三日署山西巡抚明兴奏。
④ 乾隆五十三年三月三十日直隶总督刘峩奏。
⑤ 嘉庆十九年闰二月二十九日陕西巡抚朱勋片。
⑥ 嘉庆十九年五月二十五日陕西巡抚朱勋奏。

设置粥场等是常见的灾害救济方式。比如，乾隆十年山西北部地区的大同、朔州等地夏秋之间出现较为严重的干旱灾害，兼管户部尚书刘於义则上奏朝廷，提出灾区救济方式："一面委员抚恤，一面查明成灾顷亩区别蠲缓，应赈户口口粮或应银米兼赈，酌定办理题销在案。今该抚阿里衮疏称，大同等十八州县被灾五分至九分不等，各色地三万九千七十三顷三十八亩零。除太原、榆次、辽州三州县被灾五分户口例不赈济外，其十五州县被灾六七八九分不等，贫民贫士大小口抚恤加赈应需米四万三千一百九十石三斗，均动各该州县存仓谷石设厂运贮碾米，扣除小建按月对票散给，如愿领谷者照一谷六米折给。"①由于常年干旱影响，浙江巡抚觉罗雅尔哈善乾隆十八年上奏说道："十六年旱灾之后，小民元气未能全复。仰照圣恩将被旱重者每亩给谷六升，轻者每亩给谷三升。实在无力贫农酌借仓谷资其耕作，秋收免息还仓，新旧钱粮照例蠲缓。其勘明不成灾之处亦属减收，并请将新旧钱粮缓至麦熟征收。无力农民来春酌借仓谷，秋收一体免其加息无庸展赈。"②设置粥场对于救济饥民十分重要，《荒政辑要》一书中指出："昔自卫国凶饥，公叔文子为粥与国之饿者，人称其惠。此后，世赈粥之政，所由昉也。"③嘉庆十一年正月初四日上谕："惟念今春青黄不接之际，民力不无拮据。所有该省现设粥厂，著加恩展煮至三月底止，俾各欠户粒食有资。现在省北州县及本镇厅等处存谷尚多，即著拨谷五万石碾米运赴灾区，以资接济。"④

在古代社会，设坛祈雨禳灾也是一种重要的灾害救济工作，通过水神祭祀的形式达到一种心理上的安慰。比如："据……济南、东昌、曹州、武定、青州、临清各府州未得春雨滋培，土脉颇形干燥。经臣率属斋戒设坛虔诚步祷，虽省城于本月十六日得雨二寸，近省州县亦报同日均沾，而晴霁太久，田畴尚未优渥，现仍敬谨祈祷。当此麦苗长发之时倘能于月内普被甘霖，尚不失为中稔。"⑤山东巡抚崇恩上报的奏折显示，咸丰九年山东济南、东昌、曹州、武定、青州、临清等府州冬春之际降水稀少，于是崇恩便率领地方百官设坛祷告，虽然略有降雨，但旱情依旧比较严重。

---

① 乾隆十年十二月二十六日吏部尚书兼管户部尚书事务刘於义奏。
② 乾隆十八年十月二十七日浙江巡抚革职留任觉罗雅尔哈善奏。
③ [清] 汪志伊，《荒政辑要》卷 4 则例。
④ 嘉庆十一年正月初四日上谕。
⑤ 咸丰九年三月二十七日山东巡抚崇恩奏。

救济对于解决灾区一时的救灾需求十分有效，但从长远来说还是应该快速恢复生产，比如直隶总督高斌在乾隆九年八月二十日奏称："直隶天津、河间二府深、冀二州所属各州县上年被旱成灾，荷蒙圣恩逾格赈恤并钦遵……令民间广种秋麦，为来岁资生之本计。经臣查明，被灾最重次重共二十六州县并续报偏灾五州县内，有地无力之户，按其应种麦地每亩借给五仓升，有欲自买麦种者，每亩借给银一钱，于麦收后均照原借银麦各数追还，免其加息。又，贫民缺乏牛力者，按亩借给制钱二十五文，以为雇牛耕种之资，收成时照数还项。又贫民牛只喂养无资，欲图变卖者，借给收费每只每月银五钱，八九两月共银一两于麦熟后还半，秋后通完。均于司库正项内动支等因题准在案。其借给麦种及牛力等银两俱委道府大员督率巡查，实领实种。"①光绪二年江淮地区春夏严重干旱，二麦歉收的同时又发生了严重的荒灾，淮海徐扬等地灾害严重，流民扶老携幼，百十为群，身无完衣，面皆菜色。两江总督沈葆桢作为近代重要救荒代表人物[5]，与漕运总督和辖区的巡抚研究灾害救济之策，提出灾害救济的四种方法，即"留养、资遣、工赈、典牛"。留养者多为老幼妇孺，这些人"或千里或数百里，逾淮逾江而来，早已筋疲力尽，听其远徒，终于无以自存。遏之北归，不啻夺之生路，只得随处留养，俾获旦夕之安。"②如果留养的人太多的话，势必给地方带来巨大的压力，而且新的难民还源源不断，于是给部分钱粮资遣流民让其归赴原籍。同时，流民青壮年劳动力数量巨大，留养、资遣势必造成很大的浪费，于是沈葆桢结合当时运河漕运水道浅涩的情况，提出采用工赈的方式让青壮年流民参与大型工程建设，既缓解了漕运的压力，又可以让流民有事可做。针对灾荒过程中农民毁坏生产工具、屠杀耕牛现象，官府应该开展收牛工作，等待旱灾过后再把耕牛卖给恢复生产的农民。针对这次干旱灾害，沈葆桢提出："上海道商捐四万两，淮南商捐五万两，以应扬州留养资遣之需。江藩库五千两，运库五千两，苏厘局一万两，以应海州煮赈之需。江藩库旧存商捐一万一千一百九十三两有奇，运库商捐一万三千八百六两有奇，以应高宝运河工赈之需。江藩库一万三千两，苏厘局一万两，沪厘局二万两，以应金陵、浦口、扬州、清江、海州典牛之需。"③上述救灾策略的实施，有效缓解了江淮地区干旱的影响，为灾后的恢复生产提供了帮助。

① 乾隆九年八月二十日直隶总督高斌奏。
② 光绪二年十二月十四日两江总督沈葆桢奏。
③ 同②。

③ 奏报官员的身份

奏折诞生之初，只是皇帝的宠臣和亲信用于谢恩表忠、请安问好，以及密告民情之用[6]。奏折内容形式相对不固定。随着政权的稳定和社会经济的高速发展，中央政府也急切需要知道地方的信息。雍正朝逐步放宽了奏报的权限，王公督抚大员等逐步可以奏报。乾嘉以后，有权上奏折的官员多达千人以上。这样一来，清廷获取地方各类信息的能力大为提升。为了便于理解灾害奏折奏报人员职位差异，兹选取乾隆二十四年的旱灾奏折，分析奏报官员的身份职位差异性。乾隆二十四年我国北方地区发生了相对较为严重的干旱灾害，表2显示该年度有45件奏折奏报各地的干旱情况，涉及的奏报人员职位身份包括总督、巡抚、府尹、布政使、盐政、总兵六种官职，其中70%以上的奏折由总督和巡抚两类官员报送的，仅有10件奏折由其他官职人员报送。由于灾害季相的差别，45件奏折中有34件反映的是夏秋两季的干旱和旱灾情形，还有9件冬季上奏的有关灾后救济蠲缓的奏折。

表2　乾隆二十四年旱灾奏折奏报官员身份情况

官职	总计	总督	巡抚	府尹	布政使	盐政	总兵
总计	45	15	20	2	5	2	1
春季	2	2	0	0	0	0	0
夏季	21	10	8	0	1	1	1
秋季	13	1	10	0	1	1	0
冬季	9	2	2	2	3	0	0

通过分析清代现存2400余件旱灾奏折的奏报官员身份发现，1689—1911年，共有41类官员向皇帝奏报了各地的干旱和旱灾情况，但是80%以上的灾害奏折都是各地督抚上奏的（图5）。这与清初确立奏折制度的功能有很大关系，康熙皇帝多次指出督抚要及时奏报地方四时情况，"凡督抚上折子，原为密知地方情形、四季民生、雨旸如何、米价贵贱、盗案多少等事，尔并不奏这等关系民生的事，请安何用？甚属不合！"[7]可见，让

皇帝及时掌握地方灾歉情形是封疆大吏基本责任。

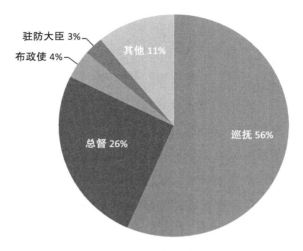

图 5　旱灾奏折官员身份分布

纵观 1689—1911 年，现存的旱灾奏折的奏报人员的身份也有一定的波动性（图 6），这种波动性在一定程度上反映出特定年度旱灾事件的社会影响力，以及有关官员的关注程度。当然如光绪初年这种百年罕见的干旱灾害，会吸引十余种不同身份的官员上报旱灾信息，同时像乾隆三年这种干旱并不十分严重的年景，也会吸引超过十种不同身份的官员关注。但总的来看，干旱和旱灾较为严重的时段，就会有更多的官员关注。

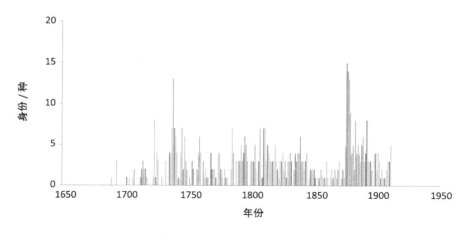

图 6　奏报人员身份年际变化

4 结语

上下通畅的灾情信息传递是政府有效开展灾害治理的重要保障，正如康熙皇帝指出的，"凡雨旸期候、丰歉情形，莫不留心访察。虽在僻远，必务周知。"由此可见，清廷要求各地按照规定及时报告灾害荒歉，以便根据灾情发展采取妥善措施做好准备和预防。也就是说，以灾害奏报制度为代表的基层信息向上传递的路径，在一定程度上确保重大灾害发生后中央政府能够以最快的速度对灾害做出反应，进而实施有效的灾害应急治理。事实上，清代灾害奏报制度也确实在州府省道的灾情信息传递上起到至关重要的作用。由此可见，清代的旱涝灾害奏报制度具有以下特点：

其一是灾害奏报的时效性。规范的奏报程序与时限，多途径的奏报渠道，确保了中央政府能够在第一时间得到省道州府的灾情信息，及时地处理正在发生或者可能发生的灾害和荒歉。因此，无论雨泽丰歉、旱涝蝗灾害，还是收成多寡、粮价升降，都可以通过奏报的方式让中央政府及时了解变动情况，以备不时之需。

其二是灾害奏报的客观性。奏报的信息，无论是雨雪分寸、旱涝情形，还是收成分数、粮价情形等，都是自下而上层层上报汇集而成，时间准确、范围明确，而且数量统计相对客观，可以较为准确地反映省道州府的灾害发生时的实际状况，便于上级部门决策。

其三是灾害奏报的广泛性。灾害奏报涵盖空间范围广，加之时效上的优势，使奏折资料可以追踪典型灾害事件的全过程，反映的灾害信息更加丰富，构建起灾害发生区域基层社会的真实面貌。

 参考文献

[1] 方修琦，苏筠，尹君，等 . 冷暖—丰歉—饥荒—农民起义：基于粮食安全的历史气候变化影响在中国社会系统中的传递 [J]. 中国科学（地球科学），2015, 45（6）：831-842.

[2] 毛阳光 . 唐代灾害奏报与监察制度略论 [J]. 唐都学刊，2006, 22（6）：13-18.

[3] 张文 . 中国古代报灾检灾制度述论 [J]. 中国经济史研究，2004, 1：60-68.

[4] 睡虎地秦简整理小组 . 睡虎地秦墓竹简 [M]. 北京：文物出版社，1978：24-25.

[5] 张卫明. 两江灾荒与沈葆桢防治灾荒的思想及其实践 [M]// 中国近现代史史料学学
   会. 沈葆桢生平与思想研究——沈葆桢巡台 130 周年学术研讨会论文集. 北京：中共
   党史出版社, 2004：251-261.

[6] 朱金甫. 清代奏折制度探略 [J]. 历史档案, 1981（2）：131-132, 135.

[7] 中国第一历史档案馆. 乾隆朝上谕档 [M]. 南宁：广西师范大学出版社, 2008：448.

下编

新闻报道选编

芜湖气象

芜湖市气象局

芜湖国家气象观测站：
观江城风云　护百姓冷暖

张　丽

（安徽省芜湖市气象局）

被孙中山先生誉为"长江巨埠、皖之中坚"的芜湖市，是安徽省最早开始记录气象数据的城市。

得益于相关历史资料的完整保存，2018年芜湖气象观测站被中国气象局正式认定为"中国百年气象站"，2020年被世界气象组织（WMO）认定为"世界百年气象站"，也是安徽省首个"世界百年气象站"。

 百年气象护江城

芜湖古称鸠兹，距今已有2000多年历史，位于安徽省东南部，处在长江南岸青弋江与长江汇合处。近代随着长江航运的发展，芜湖成为"江南四大米市"之首。这里襟江带河、湖泊纵横，地理位置决定了当地特殊的气象水文条件，也使其成为近代中国最早被西方人敲开封闭之门的地方之一。

1876年，清政府被迫签署不平等的《中英烟台条约》，芜湖被辟为通商口岸。1877年，芜湖正式设立海关，对外开埠。此后，美、英、法、德等国传教士不断来芜湖传教。1883年，法国籍天主教传教士金式玉购得芜湖鹤儿山一片土地，在此建造天主教堂。1886年，在外国商团的授意下，传教士在芜湖天主教堂内建立测候站开展气象观测，观测记录每月都会被汇编成册汇交到徐家汇观象台。同时，芜湖天主教会也会利用其自营的印书馆将每一两个月的气象观测记录编辑印刷成期刊，封面上用中文、法文两种语言清楚标明期刊内容、观测年月及期刊号，这在当时是相当先进的。根据1935年芜湖气象观测期刊显示，当时观测的项目包括气温、气压、相对湿度、风向风速、云状、降水量、蒸发量、天气现象等。很多人认为，这是芜湖百年气象观测记录的"开篇"，但事实上，芜湖气象站的历史可能远不止于此。

据吴增祥先生所著《中国近代气象台站》一书记载，早在清同治八年十月（1869 年 11 月），清政府就根据时任海关总税务司赫德的提议，开始在我国沿海、长江重要口岸海关及近海岛屿建设气象站，其中就包括芜湖气象观测站。这一说法，也在中国气象局档案馆保存的相关资料中得到了印证。芜湖气象观测的历史究竟始于何时，清政府与法国传教士建立的观测站是否存在关联……仍有很多历史真相尚待探索。

从中国气象科学发展史来看，明清时期是我国古代气象科学与西方近代气象科学的交融时期，芜湖气象站正是我国近代气象事业萌芽期的代表之一。遗憾的是，1937 年，因日军侵华战争全面爆发，芜湖气象观测站被迫停止工作，持续了数十年的观测记录因此中断。教会气象站、海关气象站虽然主观上是帝国主义为达到侵略目的而设立的，但客观上开创了安徽省近代气象观测历史，半个多世纪以来积累了大量可用的气象资料，是安徽气象史的重要组成部分。

 ## 风雨兼程永向前

1954 年，芜湖市首个符合国家气象观测规范的观测场在镜湖区张家山的一块平地上建成。建站之初，全站上下只有 7 名职工。当时，熟练打算盘、抄写数码、编辑密码电文是每个测报员的基本功。

新技术带来业务变革。1978 年改革开放的春风吹遍神州大地，芜湖气象工作者也抓住机遇，将气象工作融入经济社会发展大局，驶入发展"快车道"。20 世纪 50 年代，芜湖气象站的办公地点只是一栋不起眼的平房。1978 年底，芜湖气象站建成占地 800 平方米的雷达楼；1993 年底，综合办公楼拔地而起；2004 年底，占地 5800 平方米的芜湖长江大桥气象科技园建成开放。更多改变还在于技术能力的提升：芜湖气象部门于 1986 年正式使用 PC-1500A 袖珍计算机开展地面气象测报业务，人工编报成为历史；1993 年 4 月 1 日，芜湖气象站安装了安徽省第一台卫星云图接收机，建立能够接收日本 GMS 卫星资料的地面站，实现卫星云图的实时接收和气象资料的"一机多屏"显示功能；1995 年，启用"286"计算机，观测资料处理开始逐步迈入自动化时代；1996 年，建成气象卫星综合应用业务系统 VSAT 小站。

进入新世纪，新一代天气预报业务系统、精细化要素客观预报系统等业务系统软件开始纷纷投入应用，森林火险气象等级指数、生活气象指数、地质灾害气象等级预报等产品不断研发问世，雷达资料综合应用系统、短时强对流天气监测预警系统等在芜湖相继投入业务使用；建成自动气象站网络，气象观测数据开始深度服务防灾减灾、森林防火、交通出行等领域。2005 年，风云二号 C 星中规模卫星云图接收站建成。

由于城市快速发展，芜湖张家山观测场周边探测环境遭到较严重破坏。2006 年元旦，芜湖气象观测站正式搬迁到芜湖长江大桥气象科技园。从那时起，气象要素可以通过各种传感器自动采集，并实现连续观测和资料实时上传。至此，大部分人工观测业务在芜湖告一段落，而气象观测密度和数据应用时效则得到大大提升。

 ## 敢闯敢试立潮头

进入新时代，芜湖市气象事业发展突飞猛进，综合观测能力进一步增强，预报预测准确率不断提高，基层气象防灾减灾组织体系有序完善，人才队伍结构不断优化，气象法治环境得到进一步改善，气象工作在经济社会发展、城市安全运行和人民生产生活中的基础性保障作用日益显现。

气象灾害预警服务能力不断提升，气象防灾减灾基层组织更加壮大，实现乡镇、村（社区）气象信息员全覆盖。部门协作共建、共享、共用气象信息员队伍，截至 2020 年，共建有 39 个乡镇综合信息服务站，75 个气象灾害防御示范社区，气象信息员达 1754 名；与市应急管理局、水务局合作建立防汛抗旱会商研判工作机制，与市应急管理局、市自然资源与规划局等开展全国综合减灾示范社区建设工作，将气象数据纳入市智慧城市管理指挥中心大数据中心，实现气象数据与市直相关部门共享共建等。

公共气象服务能力进一步增强。全市气象信息广电媒体覆盖率达 75%，气象预警信息社会机构覆盖面达 100%，气象信息实现村级单元全覆盖，气象服务满意度达 95.59%。2019 年微信推送气象服务 218 期，在"今日头条"平台上发布文章 64 篇，推荐量达

198.8 万人次。为农气象服务能力得到进一步拓展。针对超级稻、水产养殖、特色经济农产品及家禽开展特色农业气象服务，农事气象短信用户已达 1.45 万户；利用"惠农气象""聚农 e 购""爱上农家乐"三大平台，延伸农业气象服务链，助力脱贫攻坚。生态文明和旅游气象服务得到进一步发展。深化环境气象监测预警联动机制，开展重污染天气气象条件预报预警和大气污染扩散条件预报技术研究，实现大气污染扩散条件预报常规化。气象科普建设能力得到进一步提升。全市共建成 1 个国家级、5 个省级和 12 个市级气象科普教育基地，市气象科普展馆年接待 3000 多人次，建成 23 所校园气象站。

　　站在新的历史起点上，芜湖气象工作者满怀信心，正向着"国内领先、省内一流、芜湖特色、精准细致"的更高水平气象现代化目标奋力迈进，为更好地服务芜湖滨江大城市发展、城市安全运行和防灾减灾努力向前，为芜湖决胜全面建成小康社会、打造现代化创新之城贡献力量。

（来源：《中国气象报》，2020 年 12 月 15 日）

安徽首家气象博物馆建设团队用文物讲好气象故事

毕靖钰

（安徽省芜湖市气象局）

2022 年 7 月，安徽首家气象博物馆——安徽气象博物馆在芜湖建成。这所气象博物馆还拥有另外两个全国"首家"：全国首家以省命名且具备独立法人资格的气象博物馆，全国首家馆藏经过国家文物主管部门鉴定、定级的气象博物馆。

芜湖国家气象站是安徽第一家"世界百年气象站"。两年前，安徽省气象局决定，在芜湖建设安徽气象博物馆。你可能很难想象，筹建伊始，建设小组手中仅有一份此前申报世界气象组织（WMO）"世界百年气象站"时的文字材料。而今走入博物馆，则仿佛走入一个由文物汇流而成的安徽气象历史之河，贯通古今，浩浩汤汤。

从一份材料到一座博物馆，其间的精彩故事，我们讲给您听——

 寻物探古

博物馆之"灵魂"在其"物"；物之排列组合依托历史之脉络。建设伊始，芜湖市气象局建设小组在走访调研、拜访名家的基础上，就定下了"传承安徽百余年来气象文化"的大纲主题。此后，《安徽气象博物馆展览大纲》定稿，为藏品收集提供了方向。

当安徽省气象局面向全省发布藏品"征集令"后，各级单位和气象同人纷纷支持。老气象人许泽均便是其中一位。1981—1992 年，他曾在芜湖市气象局工作，是局里第一位气象高级工程师。听到消息后，他向博物馆捐赠了包含新中国成立后的书籍期刊、图表、论文论著手稿、技术汇编、老照片等共计 200 多件藏品。

另一位老气象人余品伦向博物馆捐赠了始建于 1957 年的安徽省气象学校（现为安徽气象干部培训中心）相关的照片、书籍和徽章。余老捐赠的第一届毕业生合影和徽章，对记录安徽气象发展历史来说极具价值。

正是得益于老一辈气象工作者的无私贡献，在大家的共同努力下，珍贵气象藏品从各个角落来到芜湖，再通过分类加工、汇编整理，形成了博物馆如今的规模。

 # 鉴定正名

每件文物正式入驻博物馆之前，都要"过五关斩六将"，其中重要的一步是"文物鉴定"。文物鉴定是指运用科学的方法分析、判定、诠释文物的年代、质地、价值、用途以及文物的真伪辨识，为文物研究和其他学科利用文物研究历史或专门史提供可靠的资料，也为文物保管提供科学依据。

2021 年，芜湖市气象局向安徽省文物鉴定站提出文物鉴定、定级申请，省文物鉴定站派出 6 名专家，对藏品进行现场鉴定。这是气象部门首次与文物部门合作开展气象文物鉴定工作。

经鉴定，馆内文物藏品中，有一级文物 1 套（9 件），二级文物 6 件（套），三级文物 53 件（套），一般文物 46 件（套）。其中馆内最珍贵的一套一级文物是"民国二十年立洪水记录"牌及相关资料。"其中镇馆之宝'洪水记录'牌，就是在鉴定后才让其价值得到充分诠释的。"芜湖市气象局局长孙大兵说。

芜湖市气象局历时两年，又搜集了 8 件相关藏品，印证"洪水记录"牌所载历史。藏品包含"国民政府救济水灾委员会"报告书、扬子江淮河流域灾区及工振处振修工程图、"国民政府外交部"正收条、上海和丰银行向"外交部"汇款 1800 大洋汇款单、天津商报画刊、华东地区近百年气候历史资料、安徽省旱涝史料、一千多年芜湖地区水灾情况，同属一级文物。通过当年的洪水情况、捐款与救灾举措以及气象资料，向世人证明了这段历史。

 # 建馆明今

芜湖市气象局本身就拥有室内气象科普馆和室外气象科普观测场，建成后不同场馆间可以形成一条贯穿今昔的参观路线，民众参观完博物馆后，还可以去气象台等实际工作场所参观，方便民众游览的同时，也能让民众更加直观地了解气象、喜欢气象，符合团队贯穿始终的设计理念。

博物馆气象史料展示区共设有五个展厅，展厅的设计也暗藏团队的巧思。该馆设计核心以"历史时间线"为主线轴，展示区的地上贴着长长的时间轴，时间轴从 1880 年延续至今，每个时间点都标注着当年的平均气温和平均湿度。

"这个时间轴也是依据我们拥有的实际气象观测记录，除抗日战争时期，其余都标识上，也是我们科研成果的展示。"建设团队成员张丽说。

中国科学院院士谈哲敏参观安徽气象博物馆，在看到了一份由国立东南大学地学系气象测候所编印的《南京气象月报》时，非常高兴地说："你们的工作很有价值，为气象历史溯源做出了贡献！"

每当这个时候，团队成员都会成就感满满："都说'学者研理于经，可以正天下之是非；征事于史，可以明古今之成败'。我们不光是在宣传安徽气象发展历史，更重要的是，从气象视角，为人类文明新形态的构建提供支撑。"

气象历史是气象高质量发展的"底座"。随着团队对收集藏品的深入挖掘，更多的文物和文化遗产必将活起来。

（来源：《中国气象报》，2022 年 8 月 31 日）

70年前，筹建亳县气象站的艰难历程

余品伦

（安徽省气象局）

再有一个多月，我将要过90岁的生日了，我是一名气象老兵，20世纪50—60年代曾在安徽省亳县（现亳州市）、宿县（现宿州市）气象站担任气象观测员，70—80年代在安徽省气象学校任教，我的学生们多数都还在为气象事业奋斗着。在全国上下迎接建党百年的日子里，我在网上看到气象人故事征文和我的学生张锐同志的文章，心情激动，也萌发了我这年届九旬的气象战线老党员的一个愿望，就是给大家讲述一段70年前艰苦环境下我的气象人生往事。

 ## 结业分配

1951年3月，我们一帮同龄热血青年，在"雄赳赳，气昂昂，跨过鸭绿江……"的战歌中，在参军、参干，保家卫国的热潮中，有的直接奔赴抗美援朝的战场，有的参加国家机关的政权建设，还有的参加了土地改革，而我则参加了军事干部学校，学政治，学军事，以后又学气象，从此与新中国的气象事业结下了不解之缘。

1952年12月，在华东军区司令部气象干部训练大队学习结业后，我们一行18人到安徽军区司令部气象科（安徽省气象局前身）报到，负责接待的气象参谋称我们是"气象大军"，因为当时的安徽军区气象科仅有4人。

 ## 艰难的赴亳县之途

在合肥，我们仅逗留了两三天时间。安徽军区气象科宣布了我们的分配方案：我和许以麟、宋家治、陈介文四人分在阜阳军分区，其中我和许以麟分在阜阳军分区亳县

（现亳州市）气象站，宋家治和陈介文留在阜阳军分区。当时阜阳和亳县均没有气象站，我们四人的任务便是年内建好两地的气象站，争取在 1953 年 1 月 1 日正式开展工作。这是任务，作为军人乃是命令，我们必须执行。

于是，我们四人怀着恋恋不舍的心情告别长期生活在一起的战友们，奔赴阜阳。70年前，从合肥到阜阳，既无飞机又无火车，仅有的一条公路还是晴通雨阻的土公路。我们四人先从合肥乘公共汽车到蚌埠，再从蚌埠乘车去阜阳。不料天公不作美，寒冬腊月天阴沉沉的，车开不久就开始下雪，且愈下愈大。汽车开到蒙城，厚厚的积雪使得汽车无法继续行进。无奈我们受阻在蒙城县。

今天的亳州市气象观测场照片

强烈的工作欲望和军区气象科的建站命令，使我们心急如焚。这是我们四人生平第一次离开领导单独行动，焦急心情难以言表。大家商量后，一致同意第二天一早步行去阜阳。于是我们请了两位老乡，挑上四人的行装，在风雪交加中踏上去阜阳的路程。一路上，我们谈谈笑笑浑身是劲。但是，风雪似乎在与我们四个年轻人作对。随着时间的推移，风愈刮愈大，雪愈下愈猛。我们四人被雪覆盖得像四个移动的小雪人，雪借体温慢慢融化，棉衣、棉裤湿了，被淋湿的衣裤在寒风中冻结成冰，突然有人叫了一声："哎，你的棉裤怎么破了，棉花也掉出来了。"这时我们八目对视，发现每个人的棉裤均"开了花"。原来是由于两腿来回走动，冻成冰的棉裤裆两侧被磨破了。由于缺乏周密思考，步行去阜阳的计划无法实现了。无奈，我们再次滞留在蒙城县的辛集区。

我们找到区委，区委领导问明原委后，视我们如亲人，立即找来干衣裤，让我们把湿衣裤换下并找人为我们烘烤衣服，之后叮嘱我们："这里刚解放不久，出于安全原因，要多加防范，尽量不要外出。"此时我们真是一筹莫展，不知如何是好。

数天后，区委领导告诉我们，省军区气象科的领导打来电话指示，知道我们没有到阜阳，十分担心，怕我们途中发生意外，沿途寻找，后来才知道我们被雪阻在蒙城县辛集区。

随后在一个严冬寒冰冻夜，辛集区领导传达气象科命令，叫我们四人乘省军区路过辛集的军用卡车赴阜阳。短短的赴阜阳之途，在今天高速公路仅2小时的车程，那时我们却用了整整一周的时间，费尽周折，才算到达。

 # 陋室建设气象站

我和许以麟从阜阳军分区到达亳县后，便到亳县人民武装部报到。部队派一位有13年军龄的老连长当气象站站长。气象站就安置在亳县人民武装部内的一个破落大院中，归人民武装部领导，我们在人武部搭伙。

当时气象站的全部家当有两间破旧房，总面积不足12平方米。大的一间8平方米左右，有一个空门洞没有门，有一扇豆干形的旧窗户，没有任何遮挡。与之相邻的是站长室，面积不超过4平方米，仅放下一张单人小床。这就是建站时的全部资产。

为了安"家"，为了挡风避雨。我们从附近老乡家借来两张用树条钉成的不足1米宽的小床，上面铺上高粱秆。其中一张站长用，另一张我和许以麟合用。不知是因为高兴还是因为好奇，铺在刚借来的"新"床上的高粱秆，一下就被我们坐断了，它给我们以后的生活带来许多故事。这张床，白天就成了我们办公和休息的坐凳，夜晚我们把它横在门口，既当门，又当床。隆冬的寒风阵阵吹来，我们两个把头往被子里缩一缩也就过去了，谁也没有叫过一声苦。相反，我们经常争着睡迎风面，把风小的一头留给对方。我们互相帮助，互相关心，亲密无间。每当想起往事，心田总有无限的温馨回忆。

由于那时是全国解放初期，满目疮痍，百废待兴。美帝国主义发动侵朝战争，对我们施压，国家财力困难是不言而喻的。在这种条件下建站，我们对物质方面没有任何要求。和去前方流血拼命的战友们相比，我们的苦和累又何足挂齿呢！所以，我们一心一意想尽快建好气象站，为国防建设服务。

 ## 我们既是技术员又是工人

我们安顿下来后，便立即开始建站工作。建站所需的全部仪器早已由华东军区气象处运抵亳县人民武装部，可见当时建站之迫切。彼时已是 1952 年 12 月上旬，离上级要求我们正式建成并启用气象站的时间（1953 年 1 月 1 日）已不足一个月。

从站址勘测开始，千斤重担就落在我们刚出校门的两位小战士身上。在亳县人民武装部的大院内有一个较大的广场，四周有破院墙，从技术条件和安全角度出发，观测场选址在这个广场还是比较合适的。

场址选定后，我们手捧测报简要，边干边商量。这时，吴田玉站长对我们说："技术上我不懂，你们两个人要把好关、干好，出了问题，你们负责。"他的一番话，把我们两个"小技术员"吓了一跳。但是，对工作的热情和责任感使我们忘却一切困难，一切都在有条不紊、一丝不苟地进行着。我们既是技术员又是工人。拉围栏、树风向杆、埋百叶箱架、装温度表等均由我们自己动手完成，从清晨到天黑一刻不停，分秒必争。记得当时只靠我们三个人，风向杆根本竖不起来，百叶箱也抬不动。人民武装部部长于佑三同志便带领人民武装部的官兵来帮忙，并说："有困难随时找，尽量帮助解决。"后来遇到所有问题都迎刃而解，亳县气象站终于在上级规定的期限内保质、保量地建成了。为此，后来我受到华东军区气象处创办的气象刊物《气象通讯》的表彰，组织上还给予我这个实习生提前半年转正的奖励。

1953 年 1 月 1 日，当第一份发自亳县大地的"OBS"气象电报响彻上空，我们感到无限的骄傲和自豪，这是自古以来亳县从没有过的无线电气象电报呀！这声音凝聚着多少人的心血与汗水，同时也意味着新中国的气象事业从此在亳州大地扎根兴起。

 结语

2019 年 11 月，作者（前左二）参观合肥市气象观测站

历经 70 年后的今天，我们可爱的祖国强大了，富强了，气象事业也从小到大，随着新中国的诞生而发展壮大起来。近年来，受学生们邀请，我参观了全省各地的气象台站。现代化的自动气象仪器、设备让我这个当年教气象观测学的高级教师看得眼花缭乱，真是沧海桑田、感慨万千。

我这一辈子，投身祖国的气象事业，无上光荣、无怨无悔。

余品伦，男，江苏宜兴市人，1931 年 8 月出生，1951 年 3 月入伍，1952 年 12 月华东军区司令部气象干部训练大队结业，曾先后在安徽省亳县（现亳州市）气象站、宿县（现宿州市）气象站从事气象观测工作，在安徽省气象学校担任高级讲师。现为中国气象局气象干部培训学院安徽分院退休教师。

（来源:《气象人生》微信公众号，2021 年 6 月 17 日）

芜湖主持起草全国首部气象文物类团体标准获批正式发布

张 丽

（安徽省芜湖市气象局）

2023 年 2 月 20 日，由芜湖市气象局主持起草的安徽省气象学会团体标准《气象文物价值分类指南》获批正式发布实施，该文件是全国首部以气象文物作为标准化对象的团体标准。

2020 年以来，芜湖市气象局在筹建安徽气象博物馆的过程中开始对气象文物进行征集、整理和申请鉴定等工作，在此过程中积累和总结了气象文物价值分类的原则、依据、采集因素和分类方法等方面的技术指标。此后，芜湖市气象局成立了《气象文物价值分类指南》团体标准起草小组，人员主要分工如下：张丽负责标准总体设计、主笔起草、技术把关；周锦、王蓉作为文物部门的专家，主要负责审核是否与文物部门的法律条文、国标、行标等相冲突，以及附录 A 等相关条款的设计和撰写，并向文物部门专家征求意见；孙大兵、王亚玲、曹言超参与气象、文物相关资料的收集及部分标准内容的起草和修改；汪开斌负责标准编写格式的审核修改及验证工作。

主要工作过程包括资料搜集与整理阶段、标准申报立项阶段、编制与征求意见阶段、技术审查阶段。

（1）资料搜集与整理阶段

2020 年以来，芜湖市气象局在筹建安徽气象博物馆的过程中开始对气象文物进行征集、整理和申请鉴定等工作。先后赴辽宁省营口气象陈列馆、上海徐家汇气象博物馆、绍兴气象博物馆等地进行走访调研、深入研究气象文物的意义、价值、收集渠道等信息。2021 年 7 月，芜湖市气象局在全国率先与文物部门合作开展文物鉴定工作，在芜湖市博物馆帮助下向安徽省文物鉴定站提出鉴定申请，省文物鉴定站共派出 6 名专家对安徽气象博物馆（筹）文物进行了为期 4 天的现场鉴定，在此过程中积累和总结了气象文物价值分类的原则、依据、采集因素和分类方法等方面的技术指标。

（2）团体标准申报立项阶段

2021 年 7 月，芜湖市气象局成立《气象文物价值分类指南》团体标准起草小组，由气象、文物领域的相关技术人员组成。在前期搜集的资料和积累的经验基础上，广泛查阅相关法律法规、文献、标准等资料，形成了标准的编制框架。2021 年 11 月进行团体标准的申报，12 月标准获得正式立项，标准编号 AHMS-2021-3。

（3）标准征求意见稿的编制阶段

2022 年 1—7 月，根据标准申报的主要内容，标准起草小组对具体内容进行了讨论，多次召开小组会议对标准进行修改。2022 年 7 月 22 日，安徽省气象学会组织召开中期评估会，并于 7 月 27 日召开标准项目编写培训会，根据评估结果和专家意见，编写组进一步修改完善了《气象文物价值分类指南》小组讨论稿并由主持人审核把关，在此基础上形成了征求意见稿。

（4）标准征求意见阶段

2022 年 7 月，编写组按照《安徽省气象学会团体标准管理办法（试行）》的有关规定，对征求意见稿公开征求意见。编写组向气象、文物行业中的各领域共 20 位专家发函征求意见，共收到 20 位专家的反馈意见，其中 3 人无意见，17 人提出具体修改意见。根据专家提出的修改意见，形成征求意见汇总处理表，经归纳，共收集 51 条专家意见（气象行业外部门专家意见 12 条）。其中，采纳 49 条，未采纳 1 条，部分采纳 1 条，并对未采纳的意见进行备注说明（后增加 5 位评审专家意见共计 28 条，采纳 26 条，未采纳 1 条，部分采纳 1 条）。编写组按照专家意见对标准文稿进行修改完善，形成了标准的送审稿。

（5）标准技术审查

2023 年 1 月 13 日，安徽省气象学会在合肥组织召开《气象文物价值分类指南》团体标准审查会。来自中国科学技术大学地球与空间科学学院、安徽省林业科学研究院、安徽博物院、安徽省气象灾害防御技术中心、中国气象局气象探测中心等单位的 5 位专家组成审查专家组，审阅了相关材料，经质询和讨论，提出了相关修改意见。编写组对专家组提出的 11 条意见认真进行了修改，形成了标准的报批稿。小组工作人员从实际需求出发，遵从科学性、适用性、可操作性、协调性原则，最终完成了《气象文物价值分类指南》团体标准编写发布工作。

　　这是芜湖市首次发布气象文物相关团体标准，本指南可以为不懂文物的气象工作者或其他人员在征集、陈列、保护和研究气象文物时提供普遍性和方向性的建议和指导，同时也为文物工作者开展气象文物鉴定提供参考，让气象文物的收集、研究等工作更加科学规范。本文件的实施有利于各地的气象博物馆、科普馆、档案馆等场馆气象历史文物的征集、陈列、保护和研究工作，将为各地的旅游经济发展和公民气象科普素质的提高提供更加丰富的科技内涵。

附件：《气象文物价值分类指南》

（来源：安徽省气象局办公网，2023 年 2 月 20 日）

附件：《气象文物价值分类指南》

气象文物价值分类指南

（T/AHMS 0003—2023，安徽省气象学会 2023 年 2 月 20 日发布，2023 年 2 月 20 日实施）

前言

本文件按照 GB/T 1.1—2020《标准化工作导则　第 1 部分：标准化文件的结构和起草规则》的规定起草。

请注意本文件的某些内容可能涉及专利。本文件的发布机构不承担识别专利的责任。

本文件由安徽省气象学会提出并归口。

本文件起草单位：芜湖市气象局。

本文件主要起草人：张丽、周锦、孙大兵、汪开斌、王蓉、王亚玲、曹言超。

1　范围

本文件规定了气象文物价值分类的原则、依据、采集因素和分类方法。

本文件适用于气象博物馆、科普馆、档案馆等场馆气象历史文物的征集、陈列、保护和研究工作。

2　规范性引用文件

本文件没有规范性引用文件。

3　术语和定义

下列术语和定义适用于本文件。

3.1 气象文物 meteorological relics

人类在从事气象活动的过程中所遗留下来的、可移动的代表性实物。

注 1：其基本特征是与气象活动有关且不可能重新创造。

注 2：包括但不限于以下种类：仪器设备、图书报刊、影像制品、文献档案资料、证书证章、手稿书画等。

3.2 价值分类 value classification

对反映气象文物的历史、艺术、科学价值等因素采集后，根据其珍贵程度进行考证、区分。

4 价值分类的原则

4.1 气象文物价值分类应从历史、艺术、科学等方面综合评定。

4.2 历史价值应以产生的时代和历史意义为衡量尺度。

4.3 艺术价值应以材质、装饰、制作、保存情况为衡量尺度。

4.4 科学价值应以反映科技水平和科学思想的使用功能为衡量尺度。

4.5 气象文物分为珍贵气象文物和一般气象文物，珍贵气象文物分为一级气象文物、二级气象文物、三级气象文物。

5 因素采集

5.1 因素组成

因素包括：

a）基本因素：名称、年代、质地、类别、数量、尺寸、质量、来源、完残状况、保存状态、入藏时间、功能作用。

b）扩展因素：损坏记录、修复记录、流传经历、著录信息、展览信息、关联人物或事件、存世量。

5.2 因素获得

5.2.1 基本因素可通过观察测量、原始凭证、设备铭牌、藏品档案中获得。

5.2.2 扩展因素可通过调查、研究、查证资料等方式获得。

6 价值分类方法

6.1 珍贵气象文物

6.1.1 一级气象文物

孤品或存世量稀有且历史价值、艺术价值、科学价值宜符合表 1 中相对应的一项或多项条件。

表 1 一级气象文物

历史价值	艺术价值	科学价值
1. 反映中国各历史时期气象科学发展、技术进步的特别重要实物 2. 反映全国或地方气象机构发展历程、行业历史沿革、学术成果的特别重要实物 3. 反映全国或地方重大历史事件气象服务保障的特别重要实物 4. 反映全国或地方重大气象灾害的特别重要实物 5. 反映气象领域中外科技交流或民族间交往交融的特别重要实物 6. 反映领袖人物、全国性军政人物、社会知名人士关心、支持、推动气象事业发展的特别重要实物 7. 属于著名气象学家、科学家、发明家、工匠等人物与气象有关的特别重要的实物	1. 材质稀少或贵重 2. 装饰精美 3. 制作精良 4. 保存完好	1. 科学上做过重大贡献 2. 能反映当时气象科技的最高水平 3. 具有开创性、代表性或里程碑意义

6.1.2 二级气象文物

存世量较少且历史价值、艺术价值、科学价值宜符合表 2 中相对应的一项或多项条件。

表 2 二级气象文物

历史价值	艺术价值	科学价值
1. 反映中国各历史时期气象科学发展、技术进步的重要实物 2. 反映全国或地方气象机构发展历程、行业历史沿革、学术成果的重要实物 3. 反映全国或地方重大历史事件气象服务保障的重要实物 4. 反映全国或地方重大气象灾害的重要实物 5. 反映气象领域中外科技交流或民族间交往交融的重要实物 6. 反映领袖人物、全国性军政人物、社会知名人士关心、支持、推动气象事业发展的重要实物 7. 属于著名气象学家、科学家、发明家、工匠等人物与气象有关的实物	1. 材质较稀少或较贵重 2. 装饰较精美 3. 制作较精良 4. 保存较好	1. 科学上做过较大贡献 2. 能反映当时气象科技的较高水平 3. 具有一定开创性、代表性意义

6.1.3 三级气象文物

存世量不多且历史价值、艺术价值、科学价值宜符合表3中相对应的一项或多项条件。

表3 三级气象文物

历史价值	艺术价值	科学价值
1. 反映中国各历史时期气象科学发展、技术进步的比较重要实物 2. 反映全国或地方气象机构发展历程、行业历史沿革、学术成果的比较重要实物 3. 反映全国或地方重大历史事件气象服务保障的比较重要实物 4. 反映全国或地方重大气象灾害的比较重要实物 5. 反映气象领域中外科技交流或民族间交往交融的比较重要实物 6. 反映地方军政人物、社会知名人士关心、支持、推动气象事业发展的比较重要实物 7. 反映气象学家、气象名人的学习和工作的比较重要实物	1. 材质普通 2. 装饰普通 3. 制作普通 4. 保存普通，有部分破损或瑕疵	1. 科学上做过一定贡献 2. 能反映当时气象科技的普遍水平 3. 具有代表性意义

6.2 一般气象文物

存世量较多且历史价值、艺术价值、科学价值宜符合表4中相对应的一项或多项条件。

表4 一般气象文物

历史价值	艺术价值	科学价值
1. 反映中国各历史时期气象科学发展、技术进步具有一定价值的实物 2. 反映全国或地方气象机构发展历程、行业历史沿革、学术成果具有一定价值的实物 3. 反映全国或地方较大历史事件气象服务保障具有一定价值的实物 4. 反映全国或地方重大气象灾害具有一定价值的实物 5. 反映气象领域中外科技交流或民族间交往交融具有一定价值的实物 6. 反映地方的军政人物、社会知名人士关心、支持、推动气象事业发展具有一定价值的实物 7. 反映气象学家、气象名人的学习和工作具有一定价值的实物	1. 材质一般 2. 装饰一般或无 3. 制作一般 4. 保存一般或较差，有破损或瑕疵	1. 能反映当时气象科技的水平 2. 具有一定的科学意义

附录 A

（资料性）
各种类气象文物价值分类需采集的因素

A.1   仪器设备类

a）生产制作、发明和使用年代；

b）功能作用；

c）是否与重要人物、重大活动和重要历史事件相关，尤其在气象研究领域是否具有特殊意义；

d）是否为中国引进国外的早期重要仪器设备或者我国发明创造；

e）是否为体现人类气象活动起源的发明创造和代表性实物；

f）材质是否特殊珍贵、制作是否精良、能否代表当时的工艺水平；

g）在气象科技发展史上的地位；

h）完残状况；

i）存世量。

A.2   图书报刊类

a）印刷发行年代；

b）作者或编著单位；

c）印刷发行机构；

d）是否为初版、创刊号等原始版本，或版本较早；

e）内容能否反映重要历史事件，尤其是气象领域重要历史事件；

f）内容能否反映气象领域的学术发展史、发明成果和思想等，在气象研究历史上发挥重要作用和影响；

g）是否与重要人物（尤其是著名气象学家）、重要活动相关，如阅读并有眉批、评语和心得，反映其学术思想和研究历程；

h）是否反映国际学术发展水平和交流交往活动；

i）设计装帧是否精良，版式是否美观大方；

j）是否可以称为"集品"的整套作品或者单品；

k）完残状况；

l）存世量。

A.3　影像制品类

a）形成时间；

b）内容能否反映重要历史事件，尤其是气象领域历史事件；

c）内容能否反映气象领域的学术发展史，发明成果和思想等，在气象研究历史上发挥重要作用和影响；

d）是否与重要人物（尤其是著名气象学家）、重要活动相关，反映其学术思想和研究历程；

e）是否有特殊的流传经过；

f）载体的完残状况；

g）内容的完整程度；

h）存世量。

A.4　文献档案资料类

a）形成或印发时间；

b）形成或印发机构；

c）是否为正式文件、原稿或原始记录；

d）印发数量；

e）内容能否反映重要历史事件，尤其是气象领域历史事件；

f）内容能否能反映气象行业历史沿革和发展历程；

g）内容能否反映气象领域的学术发展史，发明成果和思想等；

h）是否与重要人物（尤其是气象领域重要人物）、重要活动相关；

i）完残状况；

j）存世量。

A.5　证书证章类

a）物主信息，是否为重要人物，尤其是著名气象学家；

b）颁发机构；

c）内容能否反映重要人物的重要活动，重要历史事件；

d）内容能否反映气象领域的学术发展水平，发明成果和思想等；

e）材质是否珍贵、制作是否精良；

f）是否有特殊的流传经过；

g）完残状况；

h）存世量。

A.6　手稿书画类

a）作者及关联人物的社会地位，在历史上尤其是气象领域的重要程度；

b）形成时间；

c）内容反映的具体事件、活动、思想及产生的社会影响等；

d）是否为气象领域重大政策、法律法规出台前起草的原稿、带有修改痕迹、批示
意见等手迹的修订稿；

e）是否有特殊的流传经过；

f）完残状况；

g）存世量。

参考文献

[1] 全国人大常委会办公厅．中华人民共和国文物保护法，2017 年 11 月 4 日第十二届全
国人民代表大会常务委员会第三十次会议通过修订

[2] GB/T 33290.4—2016 文物出境审核规范第 4 部分仪器

[3] 文化部．文物藏品定级标准：中华人民共和国文化部令第 19 号，2001 年 4 月 5 日发布

[4] 国家文物局．近现代一级文物藏品定级标准（试行）：文物博发〔2003〕38 号，2003
年 5 月 13 日发布

（全国团体标准信息平台，2023 年 2 月 20 日）

（安徽省气象学会网站，2023 年 2 月 20 日）

附录 1880—2022 年芜湖地区年降水量及年平均气温数据

年份	总降水量 /mm	平均气温 /℃	年份	总降水量 /mm	平均气温 /℃
1880 年	929.9	15.5	1902 年	1293.3	17.0
1881 年	1201.5	16.0	1903 年	1381.3	16.0
1882 年	1329.1	15.4	1904 年	1117.8	16.3
1883 年	1261.7	15.5	1905 年	1387.8	16.1
1884 年	1421.8	15.0	1906 年	1623.3	16.3
1885 年	1725.5	14.7	1907 年	1509.5	16.2
1886 年	1151.4	15.4	1908 年	1366.6	16.5
1887 年	1069.7	15.2	1909 年	1307.9	16.4
1888 年	864.4	15.7	1910 年	1517.1	16.2
1889 年	1330.1	15.1	1911 年	1788.0	16.2
1890 年	890.3	16.1	1912 年	1251.2	16.6
1891 年	952.9	16.0	1913 年	906.1	16.4
1892 年	822.7	16.1	1914 年	1329.3	17.4
1893 年	986.9	15.9	1915 年	1762.0	16.9
1894 年	1048.5	17.2	1916 年	1394.8	16.4
1895 年	1005.6	16.1	1917 年	1008.8	16.1
1896 年	1382.9	16.7	1918 年	1388.0	16.4
1897 年	1474.3	16.0	1919 年	1077.0	16.9
1898 年	656.5	16.8	1920 年	1311.0	16.5
1899 年	1162.7	16.5	1921 年	1312.0	16.5
1900 年	580.0	16.4	1922 年	931.4	16.7
1901 年	1013.1	16.1	1923 年	1363.0	16.1

续表

年份	总降水量 /mm	平均气温 /℃	年份	总降水量 /mm	平均气温 /℃
1924 年	753.4	16.4	1949 年	1369.2	16.7
1925 年	779.6	16.6	1950 年	1232.9	16.3
1926 年	882.9	16.6	1951 年	1355.5	16.1
1927 年	1210.9	17.2	1952 年	1157.8	15.3
1928 年	883.8	16.7	1953 年	1280.5	16.6
1929 年	1030.1	16.4	1954 年	1905.5	15.9
1930 年	1224.6	16.0	1955 年	943.2	15.9
1931 年	1383.4	15.6	1956 年	1310.8	15.3
1932 年	850.6	16.1	1957 年	1153.6	15.4
1933 年	1162.0	15.8	1958 年	1061.2	15.9
1934 年	778.6	16.0	1959 年	1170.9	16.3
1935 年	815.9	16.5	1960 年	1286.7	16.4
1936 年	1083.9	15.6	1961 年	1041.8	16.9
1937 年	1260.6	16.3	1962 年	1526.3	16.1
1938 年	1205.6	17.0	1963 年	1066.5	16.1
1939 年	1205.3	16.6	1964 年	1337.8	16.4
1940 年	1134.5	16.6	1965 年	1141.0	16.0
1941 年	1320.1	16.9	1966 年	843.2	16.4
1942 年	1213.9	16.7	1967 年	904.1	16.0
1943 年	1194.6	16.6	1968 年	791.8	16.1
1944 年	981.7	16.5	1969 年	1627.2	15.4
1945 年	1208.3	16.3	1970 年	1392.0	15.6
1946 年	1412.9	16.9	1971 年	1030.1	16.0
1947 年	1022.6	16.4	1972 年	1093.3	15.5
1948 年	1295.5	16.9	1973 年	1083.6	16.2

年份	总降水量 /mm	平均气温 /℃	年份	总降水量 /mm	平均气温 /℃
1924 年	753.4	16.4	1999 年	1466.5	16.8
1925 年	779.6	16.6	2000 年	1036.1	17.2
1926 年	882.9	16.6	2001 年	1009.9	17.3
1927 年	1210.9	17.2	2002 年	1302.5	17.5
1928 年	883.8	16.7	2003 年	1400.9	17.0
1929 年	1030.1	16.4	2004 年	1157.4	17.6
1930 年	1224.6	16.0	2005 年	1095.5	17.2
1931 年	1383.4	15.6	2006 年	1143.7	17.3
1932 年	850.6	16.1	2007 年	984.2	17.7
1933 年	1162.0	15.8	2008 年	1060.4	16.8
1934 年	778.6	16.0	2009 年	1419.8	17.1
1935 年	815.9	16.5	2010 年	1343.8	16.8
1936 年	1083.9	15.6	2011 年	1174.3	16.6
1937 年	1260.6	16.3	2012 年	1358.1	16.6
1938 年	1205.6	17.0	2013 年	883.5	17.4
1939 年	1205.3	16.6	2014 年	1195.3	16.9
1940 年	1134.5	16.6	2015 年	1424.8	16.7
1941 年	1320.1	16.9	2016 年	1984.2	17.4
1942 年	1213.9	16.7	2017 年	1258.6	17.5
1943 年	1194.6	16.6	2018 年	1302.6	17.6
1944 年	981.7	16.5	2019 年	974.1	17.5
1945 年	1208.3	16.3	2020 年	1565.1	17.9
1946 年	1412.9	16.9	2021 年	1248.1	17.9
1947 年	1022.6	16.4	2022 年	1020.9	18.0
1948 年	1295.5	16.9			